Science[ish]
The Peculiar Science Behind the Movies

Rick Edwards
Dr.Michael Brooks

すごく科学的

SF映画で最新科学がわかる本

リック・エドワーズ
マイケル・ブルックス
藤崎百合 訳

草思社

すごく科学的

はじめに

フィクションの作品にも、力強い真実をたくさん盛り込むことができる。イソップの名はご存知だろう。古代ギリシャの作家だ。およそ2000年前、イソップの寓話の評価は上々だった。たとえばティアナのアポロニウスは、イソップについてこう言っている。「誰もが事実ではないと知る物語によって、彼は真実を語るのだ」

イソップの素晴らしい物語には、「オオカミ少年」「すっぱい葡萄」「ライオンとねずみ」などがある。いずれの話も、私たちに何かを教え、私たちがどう行動すべきかを考えさせてくれる。しかも、読者は話の面白さに気をとられ、気づかないうちに学んでいるのだ。つまり、イソップは、楽しませると同時に、人を賢くし、より善い人間にする方法を知っていた。

映画で科学が題材になるときも同じことが起こる。現代の映画製作に携わる人たちは科学が大好きだ。必ずしも科学的に正しい描写をするとは限らないが、人類にとっての科学の価値をよくわかっている。私たちは何者なのか、何をするのか、どこへ向かうのか、その結果どうなるのか、良い結末か悪い結末か——そういったことの中心に科学が据えられている脚本はいくらでもある。情報をもとに推測していることもあるが、多くの場合はとてもしっかりした情報に基づいている。

さらに、何か深い質問をしてほしいと私たちが招かれることもある。小惑星の軌道を変える責任のある部門は必要か。世界的に病気が大流行する可能性はあるのか。人々の思考パターンや、公開されているオンラインデータを分析して、犯罪を予測し、防ぐことはできるのか。モグワイをペットとして飼って大丈夫か。

これらがすべて、映画のプロットだと気づいたかもしれない。大事なのは、ハリウッドでは映画が適当に作られているわけではないと知ることだ［まあ、モグワイはさておいて］。これらの話はどれも、本物の科学者が検討したアイデアに基づいている。

アメリカ人脚本家のウィリアム・ゴールドマンの言った、「ハリウッドでは誰も何もわかっちゃいない」という有名な言葉がある。だが、ゴールドマンの言葉は間違いだ。ハリウッドの監督や製作者、脚本家の多くは、科学に細心の注意を払っている。頭がよくて独創的な彼らは、科学の分野で何が起きているのかを理解し、それに光をあてる。つまり、映画に隠された面白い科学に注目することは、大切な話を始めるために、本当にぴったりの方法なのだ。

本書で読者は、遺伝子操作や、他の惑星を植民地にすることの利点、部分的に人間でもある動物を創ること、人工知能を取り巻く期待や恐れ、絶滅種の再生など、まだ答えの出ていない難問に直面することになる。考えるべきことはいくらでもあるのだ。

幸いにも、人類の未来にはたぶん影響を与えないだろうけれども強烈な話題もある。タイムトラベルのパラドックスや、ブラックホールの驚くような性質、人間は『マトリックス』的シミュレーションのなかで生きているのかといった厄介な問題に、覚悟して臨んでもらいたい。

私たちは、ポッドキャスト番組や本書で、とても楽しんで、こういった疑問を掘り下げてきた。読者の皆さんも、ぜひこの現代の寓話を探検して、私たちと同じように楽しい時間を過ごしてほしい。イソップ物語もいいけれど、ハリウッドはさらにその上をいっていると思うから。

目次

第3章 インターステラー

第1章

オデッセイ

どうやって火星に行くのか?

火星での休暇は健康にいいのか?

本当に火星で生きていけるのか?

『オデッセイ』が大好きでね。人間と厳しい自然の対立、植物学者マーク・ワトニーと宇宙における彼の運命の対比、マット・デイモンと彼を無力な状態で置き去りにしたリドリー・スコットの対決が素晴らしいんだ。それに、人類が火星の地表で生き延びるための方法や、砂だらけの赤い土壌の成分、人間はそこで何を育てられるのかなどについての科学も満載だしね。

そのために実際の植物学者が必要なのかな？　植物を育てるのなんて、そう難しくないだろうに。

本気かい？　量子物理学者のほうがうまくやれるとでも？

まあ、植物も、根底にあるのは量子力学だからね。光合成のメカニズムというのは量子重ね合わせ状態にある葉っぱを通してエネルギーを伝達しているわけで……。

君の量子力学への偏愛は、みっともないよ。僕が量子物理学者を火星に連れ

ていくとしたら、その退屈な話でクルーがよく眠れるからってだけだね。あとはタンパク源にもなるか。

火星にひとりぼっち

リドリー・スコットが監督したこの映画は、アンディ・ウィアーが書いた、（本書のように）恐ろしくしっかりと下調べされた素晴らしい小説**［訳注：邦題『火星の人』］**が原作だ。２０３５年、宇宙飛行士たちが火星の表面をうろうろしているところに、突然の嵐が襲う。壊れたアンテナが哀れなマット・デイモンを直撃し、宇宙服に突き刺さって、彼のバイオ・サインを送っていた装置まで壊れてしまった。仲間は彼が死んだと判断し、嵐によって宇宙船が壊れる前にと、彼を残して火星を飛び立ち地球へ向かう。しかし、これはマット・デイモンが主役の映画である。というわけで、なんとびっくり！　意識を取り戻したマットは、ごく限られた食糧とともに自分だけが置き去りにされたことを知り、「科学を武器に」生き延びねばならないことを悟ったのだった……。

これはかなりの難問だ。この映画を見れば、火星が容赦のない場所だと実感できる。この世の終わりのような砂嵐が吹き荒れて、何かを育てられるとも思えない。貴重な水はごくわずかで、大気もほとんどない。日中でもたいていは身を切るような寒さだが、夜間は極度に寒くなり、場所にもよるが摂氏マイナス125度まで下がる。火星はそのイメージからして猛々しい。太陽から数えて4番目のこの惑星を見たローマ人は、その赤い星の姿から血の色を連想し、戦の神にちなんで「マルス（英語読みはマーズ）」と名づけたのだから。

それでも火星は私たちを奇妙なほどに惹きつけてきた。さらに、宇宙時代に入り、人類を常に魅了してきたこの赤い星への関心はこれまで以上に高まっている。結局のところ、人類が到着できないほどの距離ではないし、今では異界のような場所だが、かつてはもう少し地球に似た惑星だったのだ。昔の火星には大気も水もあった。今でも、少なくとも、人がその上に立てるだけの土がある。これが木星ならば、ガスしかないところだ。当然、木星は居住地を作るのに適しているとは言いがたい。正直なところ、火星も適してはいないのだが（センターパークスみたいな休暇村ではないのだ）、取り掛かりとしては良い場所だ。

そこで、最初に浮かぶ疑問は当然これだろう。『オデッセイ』は、人を火星に送ることができるのを前提としている。では、**どうやって私たちは火星に行くのか？**

火星にたどり着くまで

ウィキペディアで「マーズワン（Mars One）」という火星移住計画のページを見てるんだけど、すごく笑えるよ。「本プロジェクトのスケジュール、技術面・経済面からみた実現可能性、そして倫理面に対して、科学者やエンジニア、航空宇宙産業に関わる人々から批判が集まっている」だってさ。

しかも、この本でもバカにされてるってわけだ。たくさんの人が応募したのかな。

驚いたことに、そうなんだよ。この火星での休日キャンプに参加するために、申請料まで払って応募した人が４０００人以上もいるんだ。

払っただけの価値があるのかねえ。

【法的な理由により削除されました。】

まずは、火星行きの席を確保しなければならない。スペースXの創設者であるイーロン・マスクは、火星行きチケットの料金は、いずれ発券する準備ができたとして約20万ドルになるだろうと語っている。希望者には「冒険心」と「死ぬ覚悟」が必要になるだろうとも。まあ、少なくとも正直な発言ではある。

ＮＡＳＡにも最終的に火星に人々を送ることになりそうな火星探査プログラムがあり、現時点では締め切られているが、つい最近まで人材を募集していた。ＮＡＳＡが求める人材が見つからず再募集されるかもしれないから、以下のことは知っておいたほうがいいだろう。

２０１６年２月に締め切られた募集条件は以下のとおり。年収は６万６０２６〜14万４５６６ドル。科学分野の学士号をもつこと。専門的職業に３年以上従事した経験があるか、ジェット機の機長として１０００時間以上のフライト経験があること。学士号より上の学位があればなお良い。また、アメリカの市民権があること。そして、当然だろうが、「頻繁に旅行する必要があるかもしれない」だそうだ。

そして、３つ目の選択肢がマーズワンだ。ここの募集も現時点では締め切られている。しかし、彼らによると、こまめに情報を確認してほしいとのことだ。彼らが求める宇宙飛行士は「知的で創造性が高く、精神的に安定しており、身体的に健康」でなければならない。そして、地球に未練がないこと。あとは、経済的責任を負っていないことも条件になるだろう。給料などはもらえないのだから。最終選考はテレビシリーズの一般投票で決まるので、友達はたくさんいたほうがいいだろう。いや、片道切符方式で地球には戻れないので、敵が多いほうがいいのかも。

コラム　火星の呪い

『オデッセイ』では、マット・デイモンが死んだとみなされて火星に置き去りにされる。仲間たちが恐れたのは、砂嵐によって宇宙船が倒れて全員が火星で遭難することだった。多くの人はこれをバカげた話だと考えた。火星の大気の密度は地球の100分の1しかないのだから、何かを吹き飛ばすような威力はないはずだと。しかし、これと同じような現象はかつて起きたことがある――少なくとも起きたと考えられている。

1971年、旧ソ連の火星探査機マルス3号の着陸機が、火星表面に着陸した。着陸後の機体からは信号が送られていたが、わずか20秒で途絶えてしまった。強い砂嵐によって着陸船が吹き飛ばされたためにミッションが急に終了したのだと専門家は考えている。

理由はさておき、この事故は火星探査で起きた27回の失敗の1つにすぎない。多くの失敗は、人為的ミスや、能力や経験が足りなかったことに原因がある。最初の失敗は、NASAによる1964年のマリナー3号のミッションで起きた。太陽電池パネルが開かず、充電ができないまま、探査機はすぐに機能停止した。翌年、旧ソ連のゾンド2号は、やはり太陽電池パネルのトラブルのため、機能が停止して宇宙を漂うこととなった。また、ふさふさのもみあげで有名なコリン・ピリンジャーが指揮を執った、欧州宇宙機関のビーグル2号のミッションでは、着陸はしたものの信号が送られてくることはなかった。他にも、マーズ・クライメイト・オービターという火星探査機は、技術者がメートル法とヤード・ポンド法を取り違えたために壊れてしまった。これは痛い。

だが、現在の火星でのミッションはずっと良くなっている。このような失敗のほとんどは前世紀に起きたものであって、ここ10年ほどは、軌道上を旋回する探査機や着陸機の多くのミッションが成功している。とはいえ、2016年10月、欧州宇宙機関のスキャパレリという着陸探査機が火星に墜落した。火星の呪いは今でも完全には解けていないようだ。

こうして席を確保したところで、火星まではかなり距離があることを知っておくべきだろう。

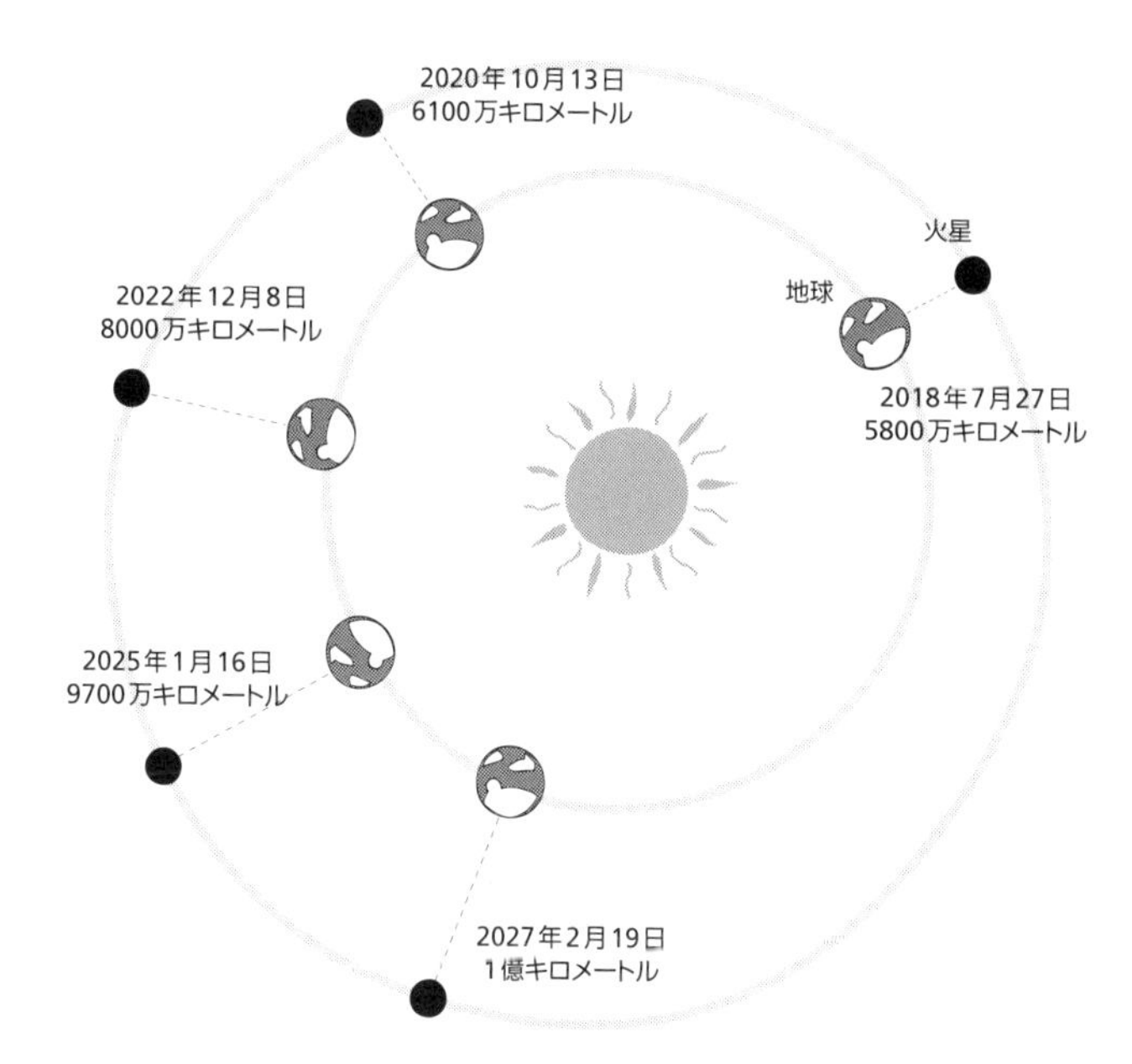

[将来的な火星でのミッションのための理想的な着陸日]

火星と地球の距離が最も縮まる可能性があるのは、火星が太陽に最も近い位置にきて、地球が太陽から最も離れた位置にくるときである。それでも、５４６０万キロメートルと、ものすごく離れている。だが、私たちが知る限りでは、その位置関係になったことはこれまでにない。両方の惑星が軌道上で同時にその位置を通過するのはまず望むべくもない条件なので、それを悠長に待つ余裕はない。それぞれに太陽の周りを公転する火星と地球がかつてないほど大接近したのが２００３年のことであり、その距離は５５８０万キロメートルだったが、２つの惑星の平均距離は2億2500万キロメートルである。だが、火星へ向かうために最適なタイミングはいくつかある。

とにかく、火星に到着するのはかなり大変だ。発射速度でいうと、これまで作られた最速の宇宙船はニュー・ホライズンズである。冥王星の探査を行っていたが、今では冥王星を通り過ぎてその先へと進んでいる。ニュー・ホライズンズは時速5万9000キロメートルという、パンツに漏らしそうな速さで打ち上げられた。この速さでも、火星に到着するのにおよそ2カ月かかるが、実際の航行期間は、この動く目的地に向けていつ宇宙船を打ち上げるかによって前後する。『オデッセイ』でも描かれていたが、成功の確率がより高まるタイミングというのがあるのだ。火星探査ミッションの準備には時間がかかるため、このタイミングがいつになるかを割り出すのは複雑だが重要な作業である。また、人を乗せる場合は、かなりの重量を運ぶことになるので、ニュー・ホライズンズほどの速度にはならないことは理解しておこう。ニュー・ホライズンズには数台の高機能カメラくらいしか積まれていないのだ。このところ猛烈に速い宇宙旅行の可能性もぼちぼち見えてきているが、これは『エイリアン』の章で触れることにしよう。とにかく、もしあなたが今後10年かそこらのうちに火星へ行くつもりならば、数カ月間はスケジュールを空けておく必要がある。

コラム

スイングバイ航法など、宇宙旅行でのクールな技術

宇宙船の進路を変えたり、加速や減速をしたいけれども、燃料を不用意に使いたくはないという場合には、「スイングバイ」が必要となる。この航法を最初に用いたのは旧ソ連の探査機で、1959年のことだった。惑星や衛星の重力場を利用する方法であり、『オデッセイ』のプロットにおいて重要な役割を果たしている。実際はかなり複雑な方法なのだが、基本的には、加速したければ、天体の動きの向きに揃えて天体の後ろを通ればよい。こうすると、天体の重力に引き寄せられてエネルギーを得て加速する。逆に、ブレーキをかけたように減速したいのならば、天体の動きをさえぎるように通ればよい。また、天体の重力場に対して適切な角度をとりながら接近すれば、希望の方向にはじき飛ばしてもらえる。

[惑星間スーパーハイウェイ]　©NASA

他にも、太陽系のあらゆる天体の重力を利用する方法がいくつかある。NASAが計画してきた「惑星間スー

パーハイウェイ」はその1つであり、さまざまな可能性を秘めている。これは、宇宙空間内のチューブのネットワークであり、チューブの壁は、あらゆる惑星と衛星の重力場によって定まる航路の集まりである。

宇宙船を動かすには、これらの目には見えないチューブのなかに宇宙船を置いて、軽く押すだけでいい。そうすれば、本物の壁に誘導装置がついているかのように、宇宙船が重力場チューブのネットワークに引き込まれるのだ。さらに、適切なタイミングで宇宙船のエンジンを噴射すれば、チューブの交差点で別のチューブに乗り換えることもできる。しかし、この方法は燃料の節約にはなるものの、移動時間がとても長くなる。もし今後、格安の宇宙航空会社にこのルートでの旅を勧められることがあれば、きっぱりと断るべきだ。チケットは安いだろうが、少しでも面白い場所に到着する頃には、たぶんもう死んでいる。

おそらく最も進んでいる輸送プランは、「惑星間輸送システム（ＩＴＳ）」だろう。これはイーロン・マスク率いるスペースＸ社が提案した画期的アイデアだ。同社は、２０２０年代に火星で居住地の建設を始めたいと考えている。ＩＴＳによる輸送方法は次のような仕組みだ。まず、１００人乗りの宇宙船をブースターという補助ロケットに載せる。ブースターには「メタンと液体窒素を燃料とするフルフロー式」エンジンが搭載されており、宇宙船と乗員１００

人を軌道上まで推し上げるのに十分なパワーをもっている。だが、火星まで送り届けるほどの燃料を積むことはできない。そこで、軌道に達する前に、宇宙船からブースターが切り離される。宇宙船は「パーキング軌道（待機軌道）」に入るが、ブースターは発射台へと戻り、穏やかに着陸する（そうあってほしいものだ）。そして、宇宙船が載っていた場所に今度は燃料ポッドを載せ、ブースターにも燃料を入れて打ち上げる。再び軌道近くに達すると、今度は燃料ポッドが切り離されて、宇宙船に燃料を補給する。ブースターと空になった燃料ポッドは地球に戻り、これで宇宙船は火星に向かう準備が整う。スペースXの構想は、ＩＴＳ型宇宙船の艦隊が揃って火星を目指すというものなので、この過程を何度も繰り返すことになる。つまり、少しの間、地球の軌道がガソリンスタンドの給油場のように火星行きの宇宙船でごったがえすのだ。それがいっせいに出発してきれいさっぱりいなくなる。かっこいいじゃないか、イーロン。

数カ月後、火星では、それぞれのＩＴＳ型宇宙船が、ロケットスラスターを使って細かい動きを制御しながら地表に着陸する。つまり、宇宙船は直立した状態で着陸するので、みんなが地球に戻りたいと思ったらいつでも出発できる。もちろん、砂嵐によって倒されたりしない限りの話だが。

火星に行くためのもう１つの選択肢は、これよりも少し魅力が落ちる。オランダに拠点を置く非営利団体のマーズワンで、こちらも火星移住計画をまとめているところだ。マーズワンに

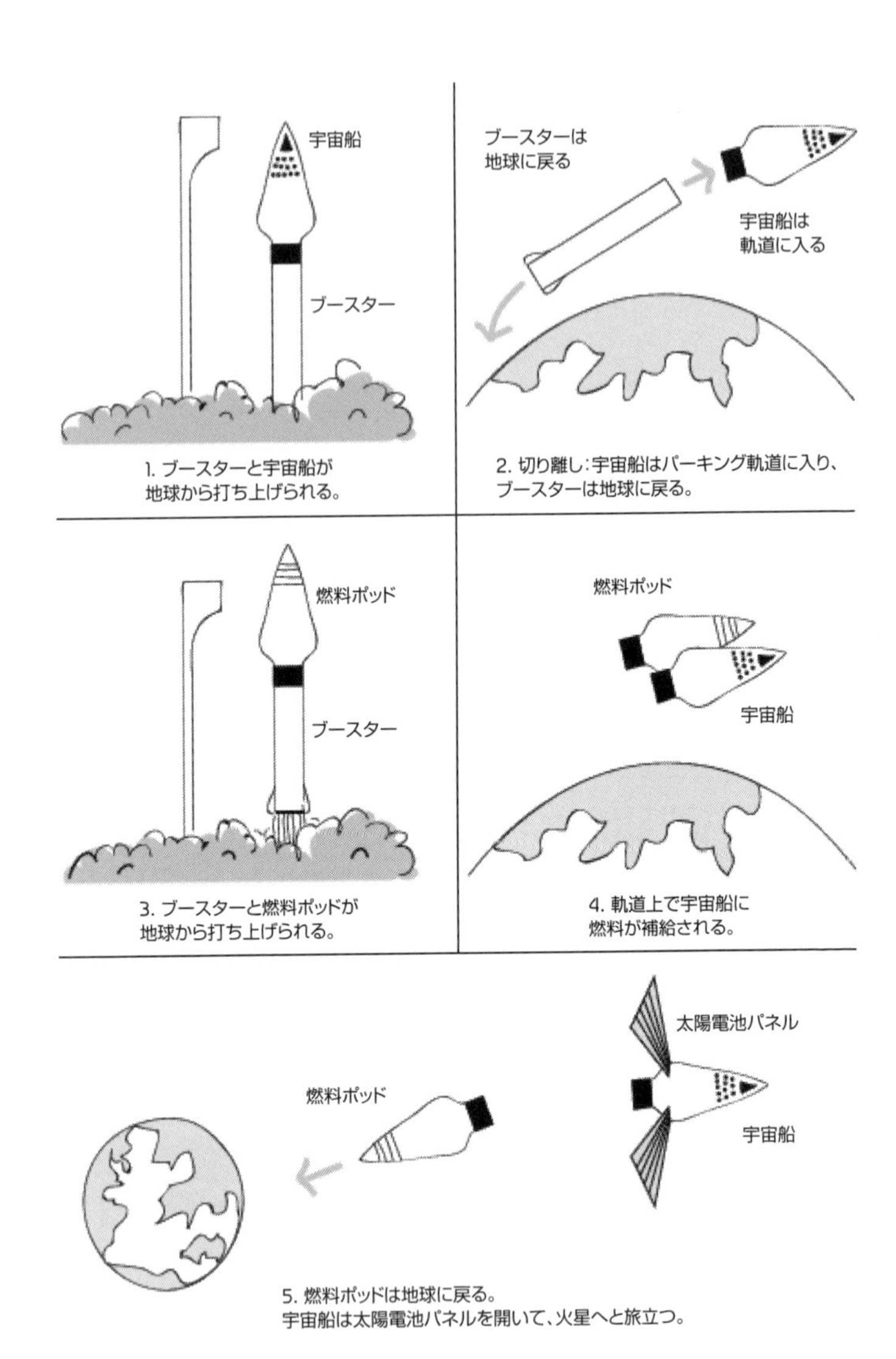

[スペースX社による火星探査のための出発手順案]

は「格安航空会社」のような雰囲気が漂うのだが、その一番の理由は、帰りのチケットを買えないことだろう。マーズワンは、火星輸送船（ＭＴＶ）を提案しているが、こちらはまだ構想段階だ。彼らの説明によると、ＭＴＶは「コンパクトな宇宙ステーション」であり、乗員の７カ月に及ぶ火星への旅を支えるために、８００キログラムの乾燥食品（おいしそうだ）、７００キログラムの酸素、３０００リットルの水を積む予定だという。この宇宙ステーションには着陸機が１台あって、本船から切り離されて火星の砂の上に着陸するのだが、二度と飛び立つことはない。そのとおり。一度降りたら、もう戻れないのだ。

マーズワンの紹介文には、このすてきな小型宇宙ステーションについて、少し怖いような情報も書かれている。「３０００リットルの水は放射線を遮蔽するためにも使われます」とあるのだ。この文章から、次の疑問が浮かぶ。**火星行きは健康にいいのか？**

火星旅行はどれだけ身体に悪いのか？

みんなが宇宙放射線のことばかり気にしてるけど、僕はそこまでひどいとは思わないんだよね。地球でも、人は、太陽や地下の岩なんかから年間で約２・５ｍＳｖの自然放射線を受けてるんだ。ちなみに歯医者でＸ線撮影した場合の被曝量は約０・０５ｍＳｖだよ。

ｍＳｖって？

ミリシーベルトの略だよ。放射線量の単位はシーベルトといって、放射線防護の先駆的な研究を行ったロルフ・マキシミリアン・シーベルトにちなんでるんだ。ミリシーベルトは、彼の娘の「ミリー・シーベルト」にちなんでいて……。

はいはい、科学ジョークね。家族の誰も笑わないやつだ。

量子的植物の話が止まらない男の会話に何ヵ月も付き合うのがどれほど退屈かという問題に取りかかる前に、宇宙旅行の最大の問題の１つである放射線について話そう。宇宙空間は、宇宙線とも呼ばれる超高速の粒子で溢れている。しかし、それらが地球の表面まで届くことはない。まずは地球の磁場によって進路が曲げられて、それでも地球に向かう宇宙線のほとんどは大気に吸収されるためだ。だが、地球がもつこれらのバリアからいったん外へ出ると、たくさんの宇宙線とぶつかることになる。

しかし、すぐに悲惨な結果になるとは限らない。宇宙科学者たちは、火星探査機キュリオシティを火星へ運ぶロケットに放射線モニターを載せて、放射線量を計測した。そして、乗員が火星に着くまでに浴びるだろう線量を割り出したのだ。結果は？　マーズワンによれば、安全衛生の基準値内に収まるだろうとのことだ。

彼らの計算によると、火星に行くまでに浴びる放射線量は約３８０ｍＳｖだそうだ。「これは宇宙飛行士という職種に対して一般に認められている被曝量の基準値内です。欧州宇宙機関やロシア連邦宇宙局［**訳註：現在のロスコスモス社**］、カナダ宇宙庁は上限を１０００ｍＳｖと定めています。NASAは、宇宙飛行士の性別や年齢に応じて600～1200mSvの間の値を上限としています」

いざ到着しても、火星には大気がほとんどなく磁場もないので、移住者は惑星表面で引き続き宇宙線にさらされることになる。その場合、年間で約11mSvの被曝が予想されている。つまり、複数の宇宙機関が宇宙飛行士という職種に対して許容範囲とみなす最大線量に達するまでに、移住者は火星上で約60年間働けるのだ。

しかし、これらの放射線量の限度値が正しく決められているのかどうか、確証があるわけではない。たとえば、アポロ計画の宇宙飛行士が心臓疾患を患う確率が予想外に高いとの研究結果が出始めている。放射線被曝により静脈や動脈の組織が破壊されたのかもしれない。

また、太陽が一種の活動期に入って「コロナ質量放出」を行うと、放射量は急激に跳ねあがる。これは、太陽が宇宙空間に高エネルギー粒子（放射線）の塊を吐き出す現象であり、宇宙空間にいる者にとっては非常に危険だ。この現象が予想される場合に備えて、マーズワンの宇宙船には専用の放射線シェルター（基本的には空洞のある巨大な水のタンク）が設置されることになっている。

ただしマーズワンによると、ほとんどの場合、船体の放射線遮蔽能力だけで乗員の安全は守られるそうなので、1週間以上も水のタンクの空洞部分に隠れている必要はなさそうだ。ではイーロン・マスクはというと、放射線は大した問題ではないと考えている。スペース・カウボーイである彼は、ＮＡＳＡを何十年も悩まし続けるこの健康リスクを、「比較的重要でない」問題だとして片付けているのだ。そのため、彼の惑星間輸送システムには防御プランと言えそうなものはほぼないので、自分で鉛製の保護服を用意して持ち込むのがいいかもしれない。

だが、こうした身体面へのリスクも、宇宙生活で生じる心理的な困難に比べたらなんでもない。まず、倦怠感と孤立感が問題となる。宇宙ステーションでの生活はとにかく繰り返しが多く、頭を使わない同じ保守作業を来る日も来る日もしなければならない。食べ物もつまらない。何を洗うのも難しい。すてきな生活とは言えないのだ。

乗員の選出プロセスは、こういった生活に合わない人を弾くように作られているが、完璧ではないため、緊急時の対策が必要となるだろう。ＮＡＳＡでは、たとえば、通信中の宇宙飛行士に気分の落ち込みが見られる場合には、何か好物が届くよう手配したり、家族との通話をセッティングしたりする。しかし、火星に向から乗員に対しては、そのような対応はできない。地球から遠すぎるので通話が難しいし、お楽しみ袋を送ることなど絶対に無理だ。郵送代だけでとんでもないコストがかかる。理屈の上では、居住モジュールの秘密の場所に事前に好物を隠しておいて、運任せで、あるいはヒントを読み解く形で、宝探しのように見つけてもらうこともできる。しかし、志願して乗り込む乗員の満足感に対して、移住計画を実施する会社がどの程度まで責任を負うつもりがあるのかは疑問だ。

心理学者は、長期間にわたって複数人を閉鎖空間に置く実験を地球上で行い、火星への移住で何が起こりうるかを研究してきた。その結果は、うれしくなるようなものではない。火星での生活をシミュレーションした結果、被験者たちには、小さな集団に分かれて、他の集団のメンバーよりも自分と同じ集団のメンバーの満足感を優先する傾向が生じることがわかった。たとえそれによってミッションすべてが危険にさらされても、である。集団が性別で分かれる場合はなお悪い。男同士で、各自の個人的な快適さを女性の快適さより優先するような取り決めをする傾向が現れる。男は根本的に身勝手なのだ。

コラム 火星に向かう途中の、よくある1日[*]

06:00 起床。洗浄力のある布で全身をぬぐう
06:15 朝食――いつもと変わらず、まずい
07:00 宇宙管制センターによる当日用の指示書を読む
08:00 細かい家事(掃除や修理、場合によってはアイロンがけ)
10:00 エクササイズ(筋力低下への無駄な抵抗)
11:00 軽食となにかしらの科学実験(両方ともつまらない)
13:00 昼食(朝食を参照のこと)

14：00　排便。声を立てずにむせび泣く
17：00　エクササイズ、2回目（ジャンプして天井に頭をぶつける）
18：00　夕食（昼食を参照のこと）
19：00　自由時間（地球にいる人とはもう話せないので、優秀なパイロットだった頃の面白秘話を他の宇宙飛行士たちに披露する――何度目かわからないが）
19：10　不思議なことに、他の全員がもう寝るからと早々に引き揚げる。ずっと読みたかった小説を開く
19：20　フェイスブックとツイッターをチェック
19：35　窓から外を眺め、地球を探す――何度目かわからないが
20：00　私物のなかに隠しておいた絨毯を取り出して、映画『アラジン』の主題歌「ホール・ニュー・ワールド（新しい世界）」を歌う――何度目かわからないが
20：15　就寝。自殺を考える
［*リックの想像による。］

本物の宇宙飛行士はできるだけミッションを重視する人が選ばれて、そのための訓練も受けているのだが、その彼らでさえ宇宙空間での生活というプレッシャーによって問題行動を起こすこともある。1973年には、スカイラブ宇宙ステーションにいた数名の宇宙飛行士が、自分たちは働き過ぎだとして1日のストライキを行った。また、1982年には沈黙のロシア人

飛行士たちという事例もあった。２人の宇宙飛行士が７カ月近くほぼ話をしないままサリュート７号に乗船し続けたのだ。なぜって？　お互いに嫌いだったから。

火星への旅で生じる他の健康リスクについて知りたい方のために、簡単なリストをまとめてみた。

宇宙風邪

人体は、微重力に耐えられるようには進化していない。心臓は重力に逆らって血液を送り出す構造をしているので、火星に向かう間に、血液や他の体液が上半身にたまることになる。その結果、顔はむくみ、頭痛がし、鼻は詰まり（宇宙では鼻をすする音が皆に聞こえる）、足は鶏ガラのように細くなる。横隔膜も上向きに浮かぶので、少し呼吸がしづらくなる。重力がないため脊椎が浮いて縦に広がり、背中や腰に痛みが出る。（プラス面としては、身長が数センチ伸びることがある。）

筋力低下

微重力環境では激しく動く必要がなくなるため、筋肉量が落ちる。つまり、消費カロリーも少なくなる。食生活が悲惨なのはむしろありがたい。できるだけエクササイズをしなくても、太らずやせるだけなのだから。ぜい肉がついて臭い火星の人なんて、誰も見たくないはずだ。

体臭

そのとおり、臭くなる。宇宙では何を洗うのも難しい。シャワーは驚くほど重力に頼る仕組みだし、水は貴重な資源なので。

吐き気

体液の移動により内耳が影響を受けて、最初の数日間は吐き気を感じる。「ライトスタッフ（必要な資質）」を備えているからこそ選ばれた宇宙飛行士でさえ、その半数近くが宇宙酔いを感じるのだ。あなたがこの宇宙酔いになる可能性はかなり高いので、吐き気や頭痛やめまいに対する心構えをしておいたほうがいい。たいていの人は横になりたいと思うだろうが、宇宙には縦も横もない。そのためにますます体が混乱して方向感覚がおかしくなる。

不眠

睡眠パターンががらりと変わる。船内ではたいてい何かが音を立てているので、寝つきが悪くなる。朝に明るくなり夜に暗くなるのが人体にとっては重要なのだが、その変化がなくなるので、日々の起床と就寝のサイクルが乱れるのだ。疲労は時間差で襲ってくる。睡眠不足によって、疲れて混乱して頭がぼんやりするだけでなく、体の免疫系にも影響が現れる。風邪などのウイルス性疾患に感染しやすくなり、仲間の宇宙飛行士がウイルスをもっていればそれが蔓延する。また、細菌感染も起こしやすくなる。数カ月もすれば抗ウイルス薬や抗生物質が劣化し始めるので、自分の薬をいちから調合することになる。しっかり目が覚めていないとそれも難しいのだが。

骨量の減少

ついには、年金生活の高齢者レベルまで骨の量が減ってしまう。微重力状態にある宇宙飛行士の骨からは、カルシウムやリンが溶け出すためだ。そのせいで、骨は折れやすくなり、尿路結石ができて尿管から石を押し出すことになるかもしれない。

精神障害

火星への旅による精神面への影響として、気分の落ち込み、不安、不眠（しかもすでにくたびれきっている！）、そして、極端な場合では、精神障害が現れることもある。

細胞の奇形化

残念ながら、あなたの細胞、特に血液細胞は、長期的に見ると、正常に成長しなくなって機能を果たせなくなるかもしれない。重力のない状態では細胞が変形するからだ。この影響がどういった形で現れるのか、まだわかっていない。想像はつくだろうが、良い方向に変わる可能性は低そうだ。これらすべてのことを考えて、それでも火星に行きたいというのであれば、3番目の疑問を考える必要がある。**私たちは本当に火星で生きていけるのか？**

火星での暮らし

ねえ、僕と君が火星にいるとしよう。生き延びるのはどっちかな。

そうだなあ……、君は自分だと思ってるんだろ？

まあ、僕のもつ広範な知識のほうが、君の専門知識よりも役に立ちそうだとは思うけどね。

広範な知識？　プロンプターを読むことをそう言ってるのかな？

君こそ、火星ではグーグルで検索できないんだよ？　実際に役に立つことを何ひとつ知らないってばれちゃうね。何か問題が起きたその瞬間に、即死確定だ。

まあ、君は火星でやることがあるだろうけどね。スピンオフ番組作るとかさ。『どうして私だけ結婚できないの？』みたいな。

ロケットを盗んで、あんたを置き去りにしてやるからな。

幸運を祈るよ、ロケットマン。君の運転は、ウェスト・ロンドンから帰宅するだけで車が傷だらけになるほどひどいからね。

僕は心理学者じゃないけど、僕らが合同ミッションで火星に行くのはかなり

難しそうだとは思うね……。

映画のポイントは、救助の可能性が出てくるまで、マーク・ワトニーは火星で4年間生き延びねばならないということだ。彼も自分がマット・デイモンだとわかっていれば、スクリーンのなかで殺されることはまずないと安心できただろうが。

ワトニーは、クルーの居住用テントに残されたものの配分を考えつつ、できるだけいい食糧を育てようと頭をひねる。彼の出した答えとは、ジャガイモを自分自身の特別なオリジナルブランドの肥料で育てることだ。肥料の出どころはわかるよね？

もしも火星に永住するならば、住居や栽培についての適切な計画を先に立てておく必要がある。基本となる火星の住宅（専門家が言うところの「ハブ」）は、加圧したテントだ。宇宙船で火星まで運べる程度に軽くないといけないが、とんでもない火星の天候に耐えられる程度には頑丈で重さもないといけない。ハブには、呼吸できる空気や冷暖房などの生命維持システムが必要だ。放射線を遮蔽できて、住民が安全に出入りできるようにエアロックもいる。理想としては、モジュール式、つまり必要に応じてパーツを加えたり外したりできる形が望ましい。友達を食事に招くときには、しゃれたサンルームを追加すればいい。

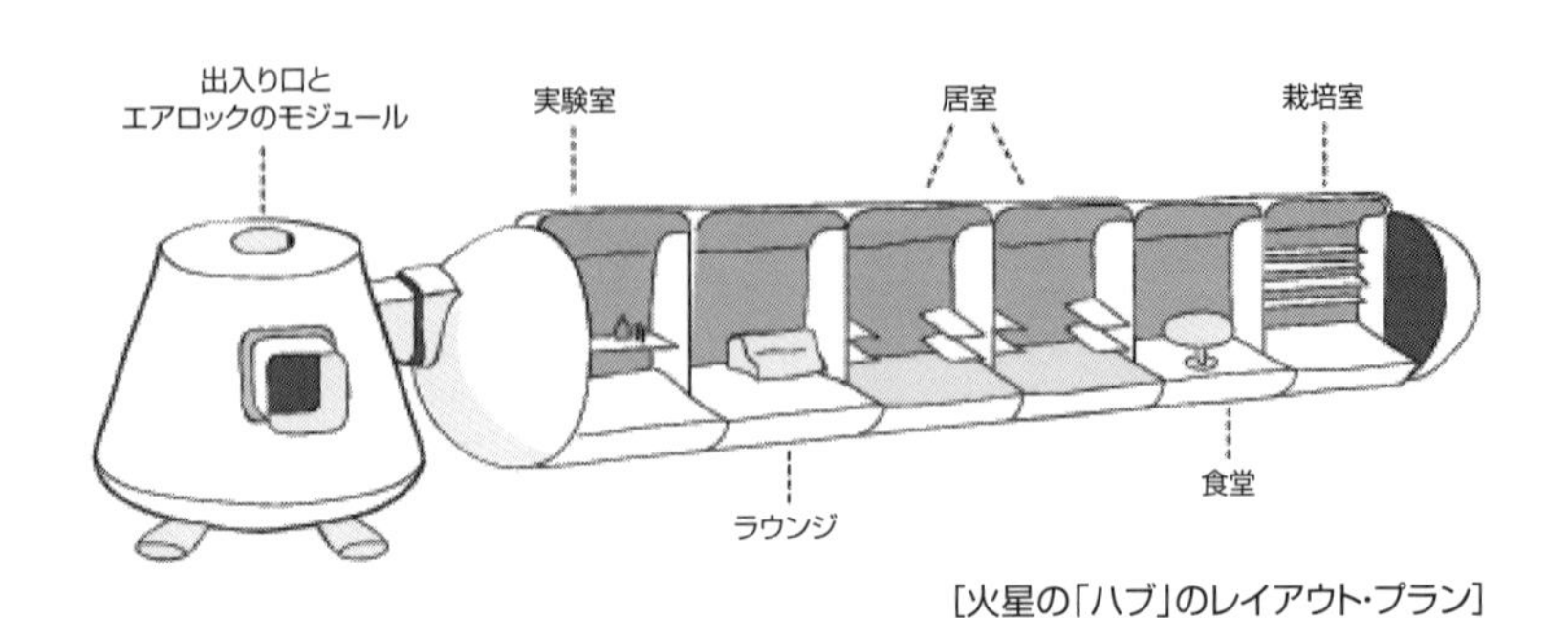

[火星の「ハブ」のレイアウト・プラン]

現在、いくつかのハブが開発されているが、それよりはるかに難しいのが食糧の問題だ。欧州宇宙機関は菜園とメニューの開発を試みている。菜園で育てられるのは、米、玉ねぎ、トマト、大豆、ジャガイモ、レタス、ほうれん草、小麦、そしてスピルリナ（タンパク質を豊富に含む藻の一種）だ。スピルリナはほとんどのメニューに加えられるし、加えるべきでもある。タンパク質だけでなく、ビタミンとすべての必須アミノ酸が豊富に含まれているからだ（味には慣れが必要だが）。欧州宇宙機関はメニュー表まで作っている（それをバージョンアップしたので見てほしい）。

ランチメニュー

2品のコース ― 10ドル
3品のコース ― 15ドル

前菜

レタス・サプライズ[*](F)
火星のパンとグリーン・トマト・ジャム(F)

主菜

蚕(かいこ)とコオロギのシチュー(I)(W)
ジャガイモとトマトのミルフィーユ仕立て(F)

デザート

スピルリナ・セモリナ(F)

すべての食材は当地で利用できるものから育てています。
お嫌でしょうけれども。食品アレルギーや過敏症があれば、
給仕にお伝えください。そして、餓死に備えてください。
このメニューは今後も変わることはありません。永遠に。

(I)昆虫が含まれます
(W)いも虫が含まれます
(F)シェフ自身の糞便で育てられました

[*ただのレタス。驚いた?]

[火星のメニュー]

コラム

極限のサバイバー

マーク・ワトニーは確かにすごいが、実際の宇宙飛行士たちも素晴らしい離れ業を成功させてきた。実際に、宇宙飛行士たちは1961年からずっと「科学を武器に」し続けている。

アポロ13号に積まれた酸素タンクが爆発したとき、宇宙飛行士がありあわせの物資で対処したいきさつを知っている読者も多いだろう。この事故の教訓とは、火星をはじめ宇宙のどこへ行くにも、ダクトテープを持参すべきだということだ。さまざまな危機的状況の解決に、ダクトテープは重要な役割を果たしている。

また、アポロ11号のミッションでは、バズ・オルドリンがフェルトペンで自分たちの命を救っている。月に着陸したとき、着陸船の起動装置の回路ブレーカーの一部がとれて落ちていることがわかった。修理ができなければ、彼とニール・アームストロングが月面に取り残されてしまう。宇宙管制センターは修理法を見つけようと大騒ぎになったが、フェルトペンで回路を閉じれば装置にショートもスパークも起こらないことを考えついたのはオルドリンだった。

おそらく、「科学を武器に」した最も素晴らしい実例は、1963年にゴードン・クーパーが乗船していたマーキュリー・アトラス9号が、地球軌道を飛行中に故障したときの話だろう。マーキュリー・アトラス9号は故障により、高度も向きも姿勢もわからなくなり、自動姿勢制御装置もシャットダウンしたのだ。船内の二酸化炭素量が増え始め、意識障害が起きる危険性も出てきた。だが、クーパーは、外の星を見て船の位置と向きとを割り出した。そしてタイメックス社製の腕時計を使って逆推進ロケットを点火すべき正確なタイミングを計算し、宇宙船を計算どおりの姿勢と速度で安全に大気圏に再突入させたのだ。最後には、予定地点へのそれまでで最も正確な着水を決めてみせた。どんなもんだ、ワトニー！

これらのごちそうは、人間の排泄物で育ち、栄養素だけでなく水や酸素も作り出す（糞便のなかの腸内細菌は、宇宙での暮らしも平気なようで、健康な食生活を維持するために重要な役割を担う）。植物は温室で栽培することになるだろう。夜は極寒となり昼間は強烈な紫外線が降り注ぐ火星表面では、植物が生き延びるとは思えないからだ。また、当然ながら、火星の大気が真空に近いほどに薄いことも問題だ。遺伝子操作によって耐性を高めた植物を火星まで運ぶという計画もあるが、今のところそんな植物はできていない。

宇宙で植物を育てる試みはすでに始まっている。たとえば、国際宇宙ステーション（ISS）の宇宙飛行士たちは、微重力の状態でロメイン・レタスを育て、それを食べている（土が漂い出るなどの問題が起きないよう、覆いのある箱に入れた状態で注意深く育てられている）。関係者によると、そこでは特別なことが起きるそうだ。宇宙飛行士は、自分たちと同じように地球からやってきた植物の世話をすることで、地球とのつながりをより強く感じるのだという。

地球では体にいいだけのサラダが、宇宙では心のためにもなるのだ。

ＩＳＳでは、他の植物で花を咲かせることにも成功している。つまり、いつかトマトがメニューに載るだろうということだ。しかし、検討が必要なことはまだたくさんある。最大の問題は、植物は地球環境に合わせて進化してきたということだ。チャールズ・ダーウィンは、植物の根がおもりをつけた糸のように「下方向」へと向かうことを初めて示したが、この性質が微重力においては問題となる。根が伸びるべき決まった方向をもたない場合、どうすれば必要な養分や水を確実に与えられるのだろうか。

栽培が失敗しうる要因は他にもある。宇宙でのガーデニングは一筋縄ではいかない。ＩＳＳで栽培したレタスは、最初、「干ばつストレス」にさらされた。平たく言うと、「宇宙飛行士たちが水を十分に与えなかった」ということだ。花を咲かせるのは（宇宙飛行士は百日草を育てた）、さらに苦労が多かった。気がついたときには、給水装置が根に水を与えすぎていた。植物は余分な水を葉から排出したが、空気の流れに問題があるＩＳＳの菜園では植物が湿ったままになり、やがて葉がカビで覆われてしまったのだ。宇宙飛行士たちは消毒用シートで葉をきれいにしてやった。植物のために、彼らはＮＡＳＡからの指示を無視せざるをえず、地球で庭いじりをする人と同じように、自分たちの感覚で百日草の世話をしなくてはならなかった。さまざまな才能が集まっている場所ではあるが、ＮＡＳＡの宇宙管制センターには園芸に対する天賦の才能はなかったようで、ＩＳＳのケリー船長は「私の内なるマーク・ワトニーを召還しなければ」とツイートしている。そして、彼らの努力は報われた。ついに百日草が花を咲かせたのだ。

NASAもさすがで、本人の判断で植物を育てる宇宙飛行士のことを「自主的園芸家」と呼ぶようになった。ISSの自主的園芸家の次の課題は白菜であり［訳註：白菜の一種「東京べかな」の栽培に成功している］、2018年にはプチトマトの栽培が計画されている。

ジャガイモはまだISSの予定表には入っておらず、ようやくペルーまで行ったところだ。ペルーの国際ポテトセンターがNASAと協力して、ペルーの砂漠の土を使ってジャガイモを栽培する実験をしている。火星の土ではないものの、土質としてはそれほどかけ離れていないからだ［場所としては遠く離れているが］。

なぜペルーなのか？　炭水化物、タンパク質、ビタミンC、鉄、亜鉛などの優れた栄養源となるジャガイモは、原産地がペルーなのだ。ペルーの文化と切っても切れないジャガイモは、食糧としてだけでなく染料としても使われている（さらに花嫁候補の判定基準にも使われる。ペルー文化では、特別にボコボコした形のジャガイモ「嫁泣かせ」の皮をきれいにむくことができれば、妻として大当たりなのだとか）。火星での栽培に適した品種を見つけるために、NASAは、やせた土壌で、寒く、大気圧が低く、水も少ないという条件でジャガイモを育てている。65品種から始めればそれなりの収穫が得られる品種が10ぐらいは見つかるのではと専門家は考えているようだ。ただし、収穫はあっても、厳しい条件のせいで苦くて食べられないものしかできない可能性もある。

もちろん、ジャガイモだけがすべてではない。もしそうなら悲惨なことになる。宇宙のシェフにとって一番大切なのは、料理に飽きられないようにすることだ。レタスとトマトとジャガイモは結構なのだが、それだけでは長くは続かない。ハイテクな解決案の1つはロボットシェフで、これは基本的に、食糧の3Dプリンターである。未来的に聞こえるが、その第1世代はすでにお馴染みで、たとえば、乾燥した材料のみでチーズとトマトのピザを作るといったことだ。

今のところ、ソーセージが載ったピザは計画に入っていない。実際、虫を食べる可能性を別にすれば、どのメニューにも動物性タンパク質は含まれていない。かなりの難題だからだ。これまでにも宇宙に送られた動物はいるが、宇宙での飼育には成功していない。ウズラの卵がロシアの宇宙ステーションのミールに送られたが、ほとんどは孵化せず、孵化したヒナも発育障害を起こしてしまった。

ここでも、問題は進化である。地球のすべての動物は、宇宙空間や火星よりもずっと大きな重力に適応している。いずれヒナとなる胚盤は黄身の一部であり、地球上では黄身は卵白の上に浮かぶため、胚盤が殻に接することになる。殻は多孔質（たくさんの穴がある）なので、胚盤は外界から酸素を取り入れることができるのだ。だが、微重力の環境では、黄身は卵の中心に移動するので胚盤は殻に触れず、胚盤と外界とのガス交換の効率が悪くなるため、ヒナにとって不可欠な酸素が得られない。それでも孵化したウズラのヒナもいたが、微重力環境では平衡感覚が育たず、自力で餌を食べられるようにはならなかった。ちなみに、ニワトリでの孵化実験が最初に行われたのはアメリカのスペースシャトル、ディスカバリー号で、その実験資金を提供したのはケンタッキーフライドチキンだった。もしかすると、火星ならば、重力が地球の3分の1ほどはあるので、ニワトリも育つかもしれない。しかし、ニワトリを無事に火星まで運ぶことがまた難題である。

ちょっと待って。ケンタッキーフライドチキンだって？　本当に？

そうだよ。1989年に、受精卵を2つのグループに分けて、片方のグループの受精卵を宇宙で、もう一方を地球で育てて、両方を地球で孵化させて比較する実験が行われたんだ。宇宙にいた卵から孵ったニワトリから次の世代も生まれたんだよ。ちなみに、宇宙から戻って地球で孵化した最初のヒナは「ケンタッキー」と名づけられたんだって。それらのヒナは、自力で食べる能力にも問題はなかった。研究者の1人は「宇宙に一時期いた雌鶏にも雄鶏にも、変わった点は見られなかった」と報告してる。

バーガーキングは妊娠中の牝牛を宇宙に送ったりしてないの？

送ってないね。重量を考えてみればわかるだろう？　他の動物実験は行われているけどね。たとえば、両生類も宇宙では苦労してるよ。彼らの本能は空気を求めて水中から「上」へ向かおうとするわけだよ。だけど、宇宙では「上」がないから、大問題になるわけだ。

正直なところ、両生類は食べたくないなぁ。

カエルの足は？　鶏みたいな味がするよ。

どうぞお構いなく。僕はひよこ豆と藻でも食べてるから。

君はつまらないなあ。まあ、微重力で動物を飼育する方法は見つかるかもしれないよ。人間はかなり賢いからね。火星環境に適したジャガイモを作れる

のなら、重力に関係なく養鶏もできるようになるかもしれない。

コストはかかりそうだけど、チキンとやらなきゃ。

そのとーり。

……。もういいよ。じゃあ、振り返ってみよう。どうやって僕らは火星に行くのか？　できればイーロン・マスクの惑星間輸送システムがいいね、ひどい場所なら帰ってこられるし。火星に行くのは健康にいいのか？　全然よくない。僕らは生き延びられる？　自分の糞便で育った藻を食べるのがどれだけ好きかによる。**永遠に**食べることになるけどね。

第2章

ジュラシック・パーク

恐竜は本当にあんな感じだったのか？
恐竜をよみがえらせることは可能か？
科学を用いて絶滅種を
よみがえらせるべきなのか？

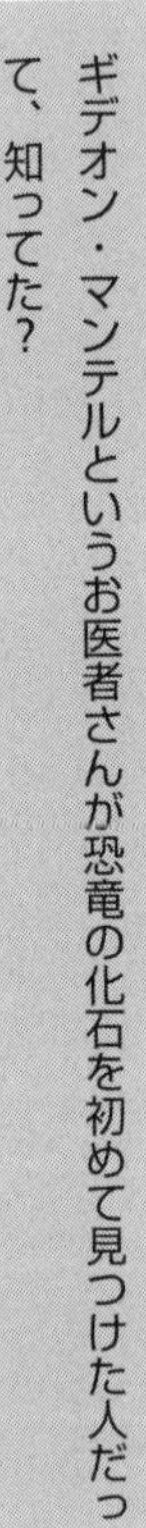

ギデオン・マンテルというお医者さんが恐竜の化石を初めて見つけた人だって、知ってた？

知ってた。イグアノドンだよね。

そのとおり。彼は自分の名前を恐竜につけなかったんだよね。謙虚とはまさにこのことだよ。君だったらリックサウルスとかにしちゃいそうだ。

もちろんそうする。リックドンでもいいね。マンテルはバカだよなぁ。

『ジュラシック・パーク』は間違いなく素晴らしい映画であり、１９９３年に公開されると世界中で興行成績を次々と塗りかえた。今では内容を知らない人はいないと思うが、簡単に紹介しよう。設定は１９９０年に出版されたマイケル・クライトンの原作に従っている。まず、

1億年以上前に、恐竜の血を吸った1匹の蚊が樹液にとらわれてしまう。そして琥珀(こはく)に閉じ込められた化石となって、現在まで形が保たれる。リチャード・アッテンボロー演じる億万長者のジョン・ハモンドは、バイオ技術のプログラムに出資しているが、それは、蚊から抽出したDNAから恐竜を、それもさまざまな種類の恐竜を現代によみがえらせるのが目的だった。ハモンドはそれらの恐竜を集めたテーマパークを建設し、オープン寸前までこぎつける。あとは、数人の科学者から承認をもらうだけだったのだが……。

比較的最近に作られた映画のように感じられるのは、映画のレベルの高さと、クライトンの先見性のためだろう。また、続編が4作あって、物語が続いているからかもしれない。第4作の『ジュラシック・ワールド』は2015年に公開されたが、封切り直後の週末の興行成績で新記録を達成したことから、恐竜の復活がまだまだ魅力的なテーマであることがわかる。この第4作ではさらに多くの種類の恐竜が登場した（描写も詳細だった）。だが、恐竜たちの姿は第1作からほとんど変わっていない。そこで最初の疑問が浮かぶ。1993年以降、恐竜についての新しくわかったことがたくさんある。では、**恐竜は本当に『ジュラシック・パーク』で描かれたような姿をしていたのか？**

恐竜には羽があった？

子どもの頃、恐竜ハンターになりたくなかった？

今もなりたいよ。なれるかな？

今は徐星（シュー・シン）がいるから難しいね。彼は、発見した恐竜の化石が多すぎて、命名した恐竜の数がわからなくなってるそうだよ。

運のいいやつだ。秘訣はなんだろう？

いいタイミングでいい場所にいることだろうね。実は、彼は北京大学に入るまで、恐竜のことを聞いたこともなかったそうだよ。本当は経済学者になり

たかったんだけど、中国当局に古生物学で学位をとるように言われたんだって。

恐竜のことを聞いたことがなかったって？　それはかなり怪しいと思うけど。でも、国が進路を決めてくれるっていうのはいいな。そういう話をもっと聞きたいね。

恐竜は生前の姿のままで残ってはいない。古生物学者たちはこの数十年間、中国で多くの化石を掘り起こしている。それにより恐竜の身体的特徴がかなり解明されて、ギデオン・マンテルが作りあげた、くすんだ色合いの醜い爬虫類というイメージを捨てなければならないことがわかってきた。恐竜はくすんだ色合いどころではなく、とても華やかだったらしいのだ。

恐竜に関するこれらの発見で最も驚かされるのは、ほとんどの恐竜が鳥類によく似ていたことだろう。似ていたといっても飛べたわけではない。羽に覆われていたという点で、似ていたのだ。

恐竜に羽があった証拠となるのが、化石に残っていた羽の痕跡や、羽とつながるコブの発見だ。大きな羽を支えて位置を固定する靭帯があるのだが、それを助ける役割をもつコブ状の節が骨についていたのだ。この20年ほどの間に中国にある湖の堆積物から発掘された何百という恐竜の化石（ヴェロキラプトルやさまざまな草食恐竜など）で、これらの特徴が見つかっている。また、もっと直接的な証拠も発見されている。たとえば、ミャンマーの琥珀マーケットで売られていたプラムほどの大きさの琥珀には、内部に恐竜の尻尾が保存されていた。骨や柔らかい組織、そして羽も揃った状態だった。恐竜の羽や鳥の羽が琥珀のなかに保存された例は他にもある。いずれも、たまたま飛んでいった羽が、固まりつつある樹液にからめとられて、数千万年間そのままになったものだろう。

すべての恐竜に羽があったのだろうか。この疑問に答えるのは難しい。２０１４年、研究者によって、うろこと羽の両方をもつ小さな草食恐竜の化石が見つかったと発表された。これがきっかけで、スウェーデンとカナダ、イギリスの科学者が、いつからどの恐竜で羽が見られるようになったかを示す巨大なフローチャートを作りあげた。限られた証拠しかないため確実な結論を導き出すのは難しいとしながらも、論文には以下のように書かれている。「現在のデータによって、羽毛や、羽毛に相応する繊維状の構造が、おそらく獣脚類の共有派生形質であることが示されたが、羽毛の原型となる体毛が恐竜類にとっての祖先形質であるという仮定は支持されなかった」

なるほど、これが答えのようだ。まあこれで、ディナーパーティで誰も科学者の隣に座りた

三畳紀
2億5000万～2億年前

地球は暑く乾燥しており、爬虫類にとって最高の環境だった。
この時代より前に進化していた恐竜は知られていない。

ジュラ紀
2億～1億4500万年前

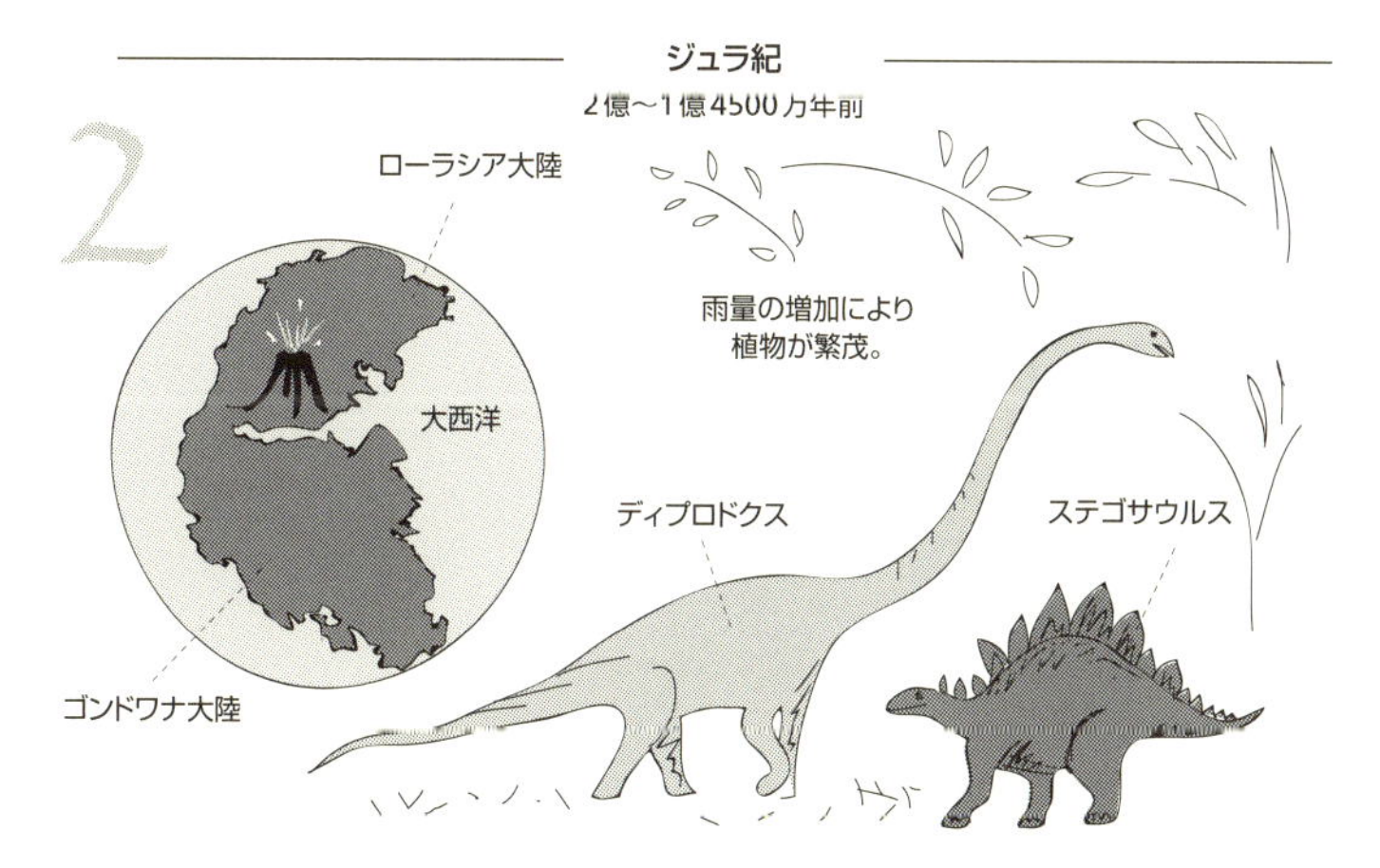

地殻変動により超大陸パンゲアが分裂し、1つの大海と2つの大陸に分かれる。
理由は不明なのだが、爬虫類と両生類の多くが絶滅した。
だが、恐竜は生き延びた。T・レックスやヴェロキラプトルはまだ登場していないので、
これらの恐竜を中心に展開する映画のタイトルが「ジュラ紀のテーマパーク」を意味する
『ジュラシック・パーク』とされたことには疑問が残る。

［恐竜についての簡単な歴史］

白亜紀

1億4500万～6600万年前

大陸の数がさらに増えたため、さまざまな肉食恐竜と草食恐竜が
独自に進化し始め、恐竜の種類が飛躍的に増える。T·レックスを筆頭に、
ヴェロキラプトル、トリケラトプス、ガリミムスなどが代表例だ。
恐竜の黄金時代だったが、やがて終わりを迎える。

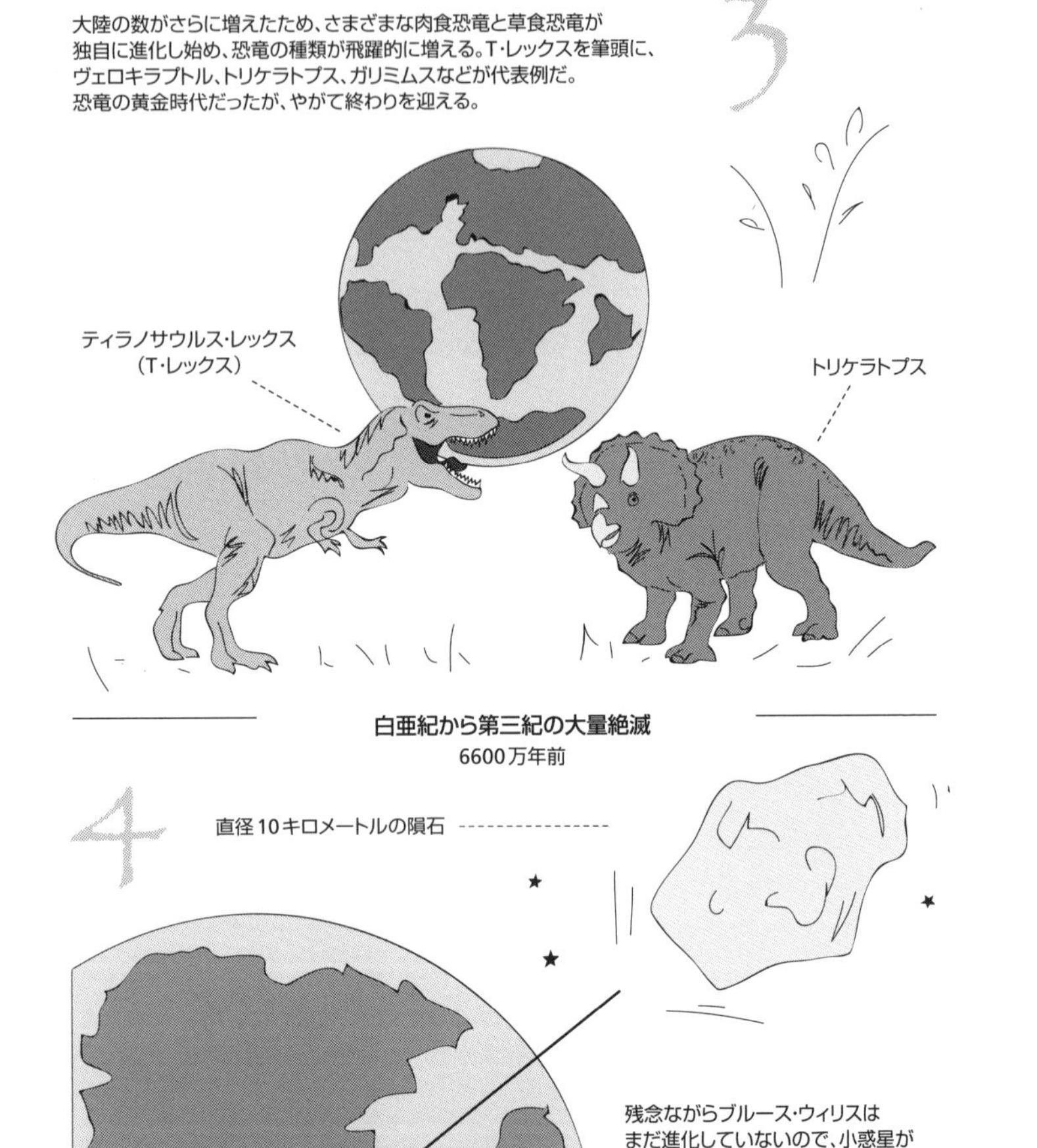

白亜紀から第三紀の大量絶滅

6600万年前

残念ながらブルース·ウィリスは
まだ進化していないので、小惑星が
地球にぶつかるのを防ぐことはできなかった。
衝突により巨大なクレーターができ、
それよりさらに大規模な粉塵がまきあがった。
これにより、ほとんどすべての恐竜が
歴史から退場した。

［恐竜についての簡単な歴史］

がらない理由はわかるだろう。とにかく、基本的には、すべての恐竜が羽を生やしていたわけではなかったということだ。

　だが、すべては推測である。答えが不確かなのはもどかしいが、何億年も前に存在した生物の細かい特徴のことなので仕方がない。正直なところ、ここまでわかっているだけでもすごいことなのだ。そして、もっとすごいのは、恐竜によっては色合いまで明らかになっていることだ。

　ここまで読んで、きっとこう考えたことだろう。「ちょっと待って。化石という証拠から導き出せることについて話してるんだよね？　化石は、生き物の体があった場所に泥が入り込んで、それが完全に石になったものだ。どうして元の生き物の色がわかるんだろう？」いい質問だし、なかなか鋭いが、答えを導き出した科学者はもっと鋭かった。

　動物の世界では、その体色の大部分は、メラニン色素を作るメラノソームという特別な形の細胞によって決まる。細長い形のメラノソーム（ユーメラノソームと呼ばれるが、試験はしないので覚えなくても大丈夫）は灰色や黒色の色素を生み出すし、球状のフェオメラノソームは赤褐色の色素を生み出す。この2種類は恐竜で最もよく見られるメラノソームで、おそらく最初に進化したものだろう。

　恐竜の化石に含まれるメラノソームと、キンカチョウの羽に含まれるメラノソームとを比較したところ、ほぼ同一であることがわかった。つまり、化石に含まれるメラノソームの形や分布をマッピングすることで、その恐竜が実際にどのような色だったかがわかるのだ。

この手法による最も見事な成果は、中国の遼寧省(りょうねい)で発見された1億2500万年前のシノサウロプテリクスの化石から体色が判明したことだろう。シノサウロプテリクスはT・レックスの類縁種で、体長は1メートル超、飛ぶことはできず、肉食で、鳥類の先祖である。そして、解析の結果、オレンジ色と白の見事な縞模様をもつことがわかったのだ。

どうしてわかったかと言うと、頭部、背中、尾の部分に化石化したフェオメラノソームが残っていたのだが、尾はメラノソームのある部分とない部分とが互い違いに並んでいた。つまり、その色合いは、赤褐色と白の縞模様だったと思われるのだ。探偵のような名推理ではないか。今では、こういった研究が次々と行われている。たとえば、同じ白亜紀のコンフシウソルニス(孔子鳥)という鳥類は、化石を調査した結果、大部分は黒色だが、尾と翼の羽がオレンジ色だったことがわかった。ジュラ紀後期のアンキオルニス・ハックスレイという恐竜は、発掘時にメラノソームが非常に多く残っていたので、驚くほど細かい部分まで体色が明らかになっている。胴体は灰色と黒っぽい色、顔には赤褐色の斑点があり、長い四肢についた白い羽は「黒い飾りのような部分」で彩られ、さび色の鶏冠(とさか)をもっている。ほらね。古生物学は泥とほこりのなかでひたすら掘るだけではないのだ［本当のところ、ひたすら掘る時間がほとんどだが］。

こういった発見から、恐竜がとても強烈な色彩をもつことが明らかとなり、研究者たちは体色が恐竜の行動に影響を与えていたのではないかと考え始めている。たとえば、恐竜は、（まるで巨大な牙をもつクジャクみたいに）求愛誇示行動をとったのかもしれないし、羽を使ってコミュニケーションしたのかもしれない。ジュラ紀の寒い夜に、卵や、孵った幼竜を温めるのに羽を使ったのかもしれない。ちなみに、巣のなかで抱卵する恐竜の化石がモンゴルで見つかっている。

しかし、羽づくろいをしたり羽をみせびらかしたりするのが恐竜のすべてだったわけではない。頭蓋骨の研究によると、鳥類型恐竜の多くは、あなたが思い浮かべるだろうどの鳥よりもはるかに恐ろしい存在だった。たとえば、シノルニトサウルスの頭蓋骨の化石からは、毒腺のための空洞と思われる部分と、その毒の通路となりそうな歯の溝が見つかっている。研究者の主張では、歯の溝が、毒腺があったと思われる空洞までつながっているらしい。彼らの見解によると（確かに議論の余地はあるものの）、この恐竜は翼をもつキング・コブラだったのだ。こんな恐ろしい生き物に出くわしたら、羽の有無など、どうでもよくなりそうだ。

コラム

恐竜の穏やかな一面

恐ろしげな印象からすると意外かもしれないが、恐竜には子育ての本能があったようだ。証拠となるのは、複数の卵がある巣の上に座った状態で溶岩流に呑まれて化石となった恐竜だ（卵ではなく孵ったばかりの幼竜だったかもしれないが、炭化して残骸が化石となった状態でははっきりわからない）。このことから、恐竜が子どもの世話をしていたことがわかる。また、この親はあまり良い見張り番ではなかったとも言えそうだ。自分が見張っている間に家族全員が化石になるなんて、どれだけぼんやりしていたのやら。

他の誰かに世話を頼んでも解決策にはならなかったらしい。2004年、古生物学者は30匹の幼竜ともっと成長した恐竜1匹が、同じ巣で化石となっているのを発見した。当初は、大きめの恐竜は火山が噴火したときに昼寝でもしていた親だろうと思われていた。しかし詳しく調べてみると、その恐竜はまだ生殖できる年齢に達していなかった。つまり、ベビーシッターだったのだ。無給のベビーシッターだが、給料をもらえる仕事ぶりでもなかったようだ。

恐竜のオスであるというのは、いいことばかりでもなかった。つがいの相手を確保するために穴掘り競争に参加しなければならない者もいたようだ。この説は、獣脚類（ヴェロキラプトルが属している）の通り道のあちこちに、深い穴が2つ並んで掘られているのが発見されたことで生まれた。穴は楕円形で、長さ約2メートル、深さ約40センチだった。発見した研究者たちによると、巣や避難場所ではないという。最も可能性が高いのが、求愛儀式の一種であり、穴を掘ってみせて「すごくいい巣を作ってあげるよ」とアピールしたとの説である。この仮説こそ穴だらけかもしれないが、差し当たり説明はこれしかない。

　実際のところ、『ジュラシック・パーク』は、恐竜がいかに恐ろしいものであったかを正しく伝えている。パークの監視員（ボブ・ペックが演じた）がヴェロキラプトルを狩る場面を覚えているだろうか。彼は１匹に照準を合わせている。そのメスは座りこみ、まるで観念したかのようだ。ところが突然、別の１匹がペックの左側に現れる。ペックは、狙っていたメスを「利口なやつだ」と認めた直後、襲われるのだ。実際のヴェロキラプトルは人間サイズではなく七面鳥くらいの大きさなのだが、それはさておき、スピルバーグの「ヴェロキラプトル」のモデルとなったデイノニクスは、映画で描かれたように、確かに群れで狩りをしていたようだ。中国で発見された複数の痕跡からそれがわかる。デイノニクスはドロマエオサウルス科、通称「ラプトル」の一種である。さらに別種のラプトルの一群（おそらくはユタラプトル、名前を見れば最初の化石の発見場所がわかるだろう）は、山東省の古代の川のそばに足跡を残していたが、すべてが同時に同じ方向に進んでいたことがわかっている。

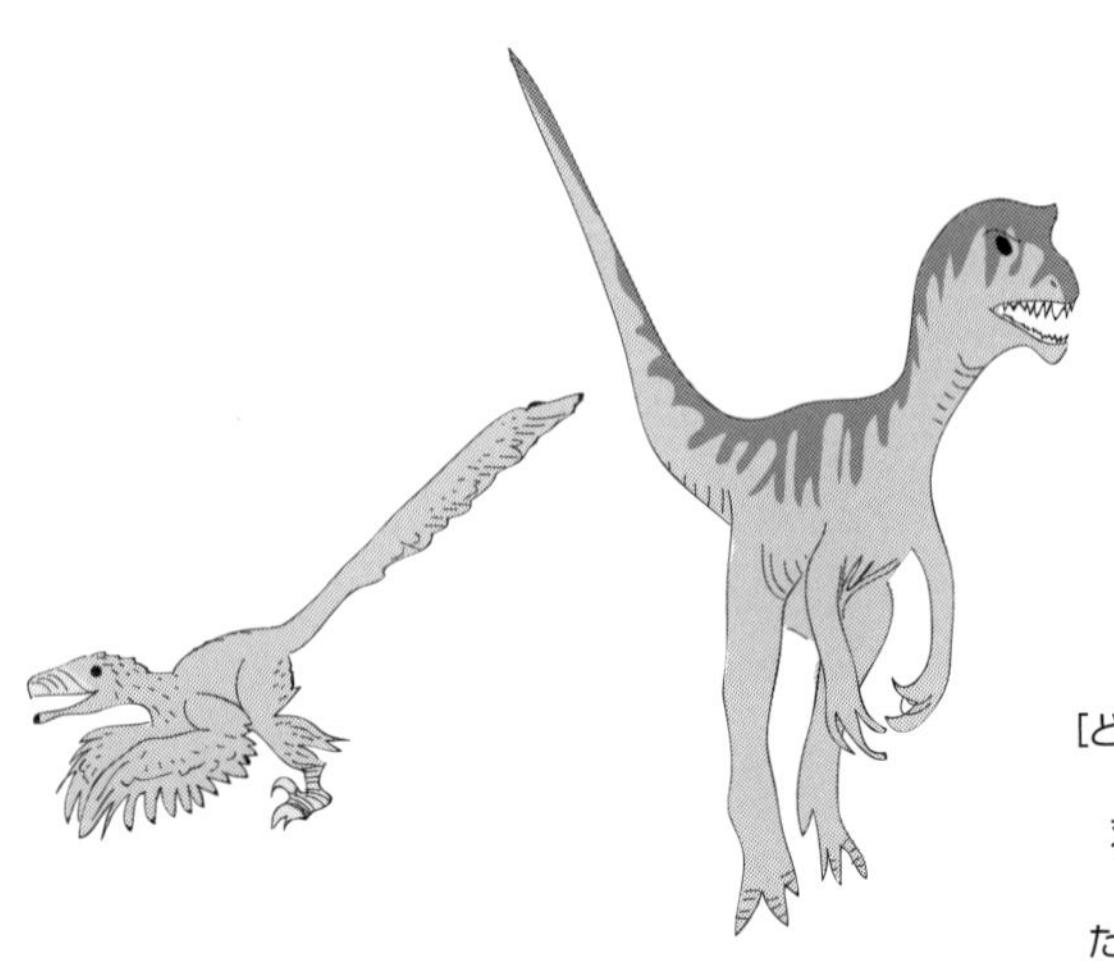

[どちらのデイノニクスが
怖く見える?
羽の証拠を無視した
スピルバーグは、
たぶん正しかったのだ]

恐竜の怖さと言えば、これもいい。映画のなかで、サム・ニール演じる利口ぶった古生物学者は、ヴェロキラプトルが足の第2指(恐ろしい鉤爪がついている指)を地面から浮かしているのは鉤爪を鋭利に保つためだと説明している。これこそ、ドロマエオサウルス科の恐竜に見られる行動なのだ。地面に残された長さ約28センチメートルの跡は、足指2本分しかない。その隣の第2指の跡は短くしか残っておらず、地面から浮いていたことがわかる。

しかし、恐竜は周りを震えあがらせることだけに時間を使うわけにはいかなかった。たとえば、交尾する必要がある。ここから先の古生物学は、スケールの大きなただの推理ゲームだ。たとえば、恐竜の骨に見られる疲労骨折を調べることで、闘争行動が求愛儀式に伴っておこなわれていた可能性があるとの推測がある。しかし、このような当て推量ばかりではストレスがたまる。恐竜の本当の様子を知るために、生きている恐竜の暮らしぶりを見られればどんなにいいか。だが、タイムマシンはないので（今のところはない。『バック・トゥ・ザ・フューチャー』の章を待とう）、2つ目の疑問について考えよう。

恐竜をよみがえらせることはできるのか？

絶滅種の再生は原理的に可能

マイケル・クライトンはなかなか面白い人物だよね。身長は2メートル6センチ、結婚を5回して……。

気候問題には懐疑的で、地球温暖化は人間が原因ではないと連邦議会で証言したんだよ。彼の科学的な見識は、かなり怪しいね。

君はラッキーだよ、クライトンが亡くなってて。

どうして？

マイケル・クローリーという政治ジャーナリストの話を聞けばわかるよ。クライトンの反科学的な活動を批判した人なんだけどね。クライトンの次作が出版されたので読んでみたら、自分がその小説に登場しているのを見つけたんだって。ミック・クローリーという政治ジャーナリストで、ペニスがすごく小さい男としてね。

うわ！　それはキツイな。

クライトンに過敏なところがあったのは確かなようだね。

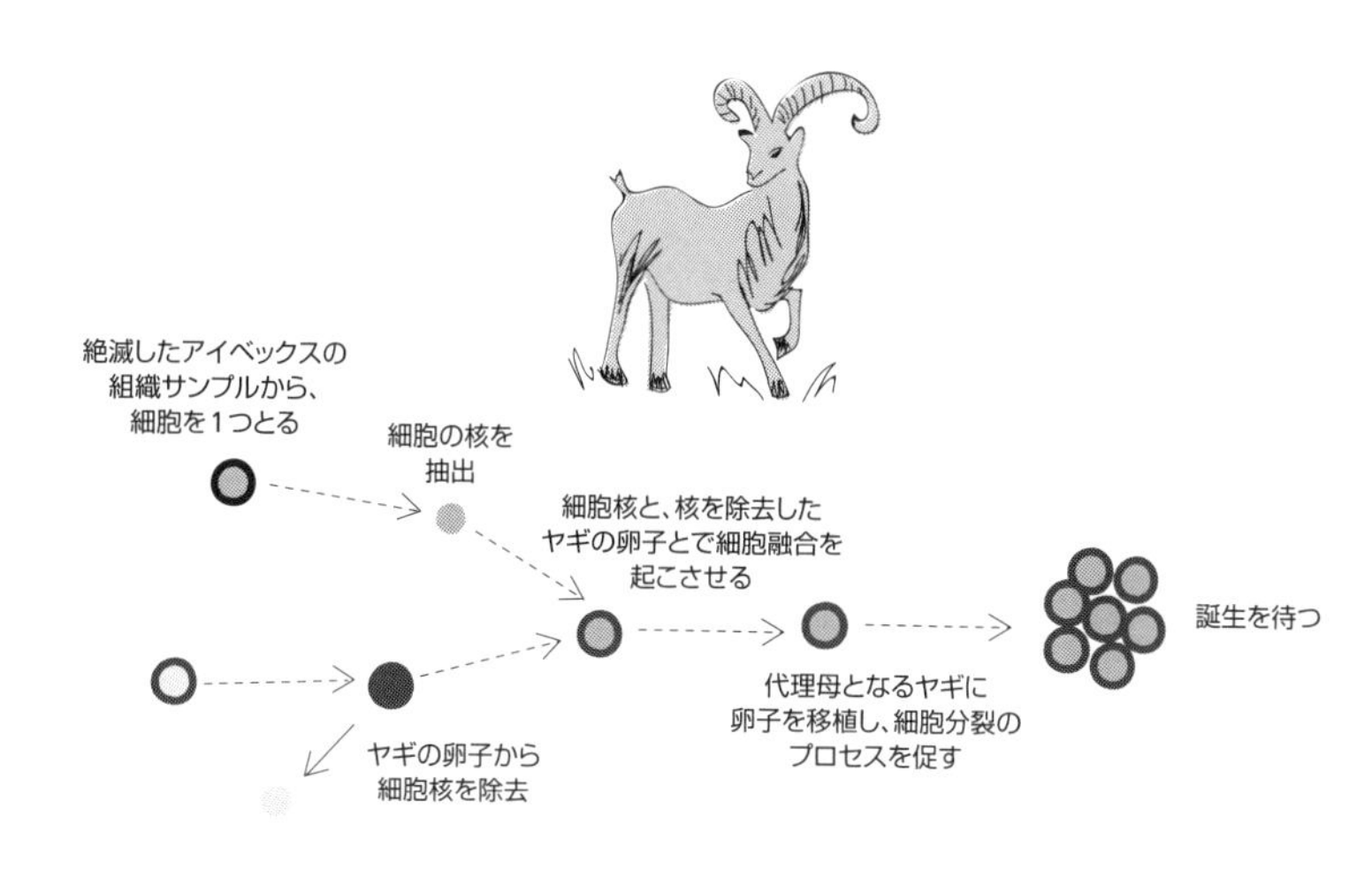
絶滅したアイベックスの
組織サンプルから、
細胞を１つとる
細胞の核を
抽出
細胞核と、核を除去した
ヤギの卵子とで細胞融合を
起こさせる
誕生を待つ
代理母となるヤギに
卵子を移植し、細胞分裂の
プロセスを促す
ヤギの卵子から
細胞核を除去

[絶滅したアイベックスを再生した方法]

絶滅種の再生。こう聞くと、クールで未来的な感じがする。だが実は、ある種の再生技術が、ピレネーアイベックスという絶滅した野生のヤギに対してすでに用いられている。２０００年に、科学者はセリアという名の最後の１頭からＤＮＡを採取した。セリアはその後まもなくして亡くなったが、２００３年に科学者がクローンを生み出した。とは言っても、クローンは肺に欠陥があったため誕生後ほとんどすぐに死亡している。だが、再生が原理的に可能であることは証明されたわけだ。

つまり、何十種類もの動物を死からよみがえらせることができるのだ。ドードーはもちろん、ハシジロキツツキやケブカサイ、オオウミガラス、クアッガなど、いくらでもいる。だが、話はそう簡単ではない。私たちはさまざまな疑問について考える必要がある。たとえば、復活させた動物に遺伝的多様性がないために、近親交配や、環境の変化への不適応といった問題が生じるのではないか。種の存続が可能となるだけの個体数を回復できるのか。再びその種を絶滅させてしまう可能性のある病気が新たに生じているのではないか。再生できるだけの十分なＤＮＡがあるのか。そして、クローンを体内で育てることができるような代理母となる動物はいるのか。

そんな審査をパスしそうな動物に、リョコウバトがいる。また、カモノハシガエル（別名、イブクロコモリガエル）も条件を満たしそうだ。気になる人のために説明すると、このカエルは、子どもたちを卵から幼体になるまで胃のなかで育てて、適当なタイミングで吐き出して誕生させる。だが、この種は１９８０年代に絶滅してしまった。同意してもらえると思うが、このカエルの行動をぜひもう一度見てみたいものだ。

コラム

リョコウバト、また旅行できる日はくるのか？

お気づきのことと思うが、ハトはそこらじゅうにいる。しかし、北アメリカに生息していたリョコウバトは乱獲のために絶滅した。どうやら、誰も気がつかないうちにリョコウバトは徐々にその数を減らし、20世紀に入ると姿を消してしまった。最後のリョコウバトのマーサは、シンシナティ動物園で1914年9月に29歳で死亡している。

当時は、DNAの役割も明らかにされておらず、生命のメカニズムが事実上何もわかっていない時代であった。現在では、かなり多くのことがわかってきており、リョコウバトは絶滅種を再生させるプロジェクトのなかでも特に重要視されている。

この取り組みは、あちこちの博物館に残っているリョコウバトの剥製の足からDNAサンプルを採取することから始まった。シークエンシングという技術でDNA配列を解析し、今も元気で数多くいるハトのDNA配列と比較するという方法により、リョコウバトのDNAの約75%がすでに解明されている。DNAとは生体の新しい複製を組み立てるための指示書であるから、そろそろ作業を始められそうだ。

科学者たちの計画によると、技術がもう少し成熟してから、リョコウバトとオビオバトのDNAの差異を埋めるとのことだ。DNAを読み取る速度は毎年8倍ずつ上がっており、必要な技術にかかるコストは指数関数的に下がっている。絶滅したリョコウバトを復活させられる日はもう間近に迫っていると考えてよさそうだ。

専門家が「可能性はある」という答えしか返さないのが、ケナガマンモスだ。そう言いながらも、彼らは取り組みを続けていて、なんとしてでもこの絶滅種を再生しようとしている。

最後のケナガマンモスは、およそ４０００年前にシベリアの凍りついた荒地をさまよっていた。その同じ場所に、マイケル・クライトンのアイデアをくすねたような、科学者が言うところの「更新世パーク」［訳註：更新世は、約258万年前から約1万年前まで］が作られている。更新世パークにはすでに、バイソン、馬、ヘラジカ、トナカイなどがいるが、こんな極寒の荒野まで大勢の旅行客を呼び込むにはこれでは不十分だ。小型の草食恐竜を見るためにジュラシック・パークに行く人などまずいない。人々はあっと驚くものを見たいのだ。更新世パークの経営者たちが、圧巻の呼び物となるだろうマンモスの再生に躍起になっているのは、そんな理由からかもしれない。

マンモスを復活させられそうな方法は2つある。1つ目は、永久凍土で保存されていたマンモスの遺骸から採取したDNAを使う方法だ。このプロジェクトを進めているのは日本のクローン技術の専門家たちである。DNAをゾウの卵子に注入して、卵子をゾウの子宮に戻すという計画だ。うまくいけば、ゾウは体内でマンモスの赤ちゃんを育てて、この数千年間、地球のどこにもいなかった種を出産することになる。

2つ目は、ハーバード大学というかなり研究環境の整った場所で進んでいる計画だ。ジョージ・チャーチと彼のチームは、自分たちでマンモスのDNAを組み立てようとしている。やり方はすでにわかっている。凍えるような寒さで保存されていたケナガマンモス2頭のゲノムの解析が完了しているからだ。1頭は約4000年前の、もう1頭は4万5000年前のマンモスだ。

400年前のマンモスは、ウランゲリ島と呼ばれる場所で見つかった。東シベリア海にある島で、ケナガマンモスの最後の生息地として知られる。だが、このマンモスのゲノムを解析したところ、近親交配の徴候が多く見られたという。種が最終的に絶滅したのはこれが原因だったのかもしれない。もう一方のマンモスのゲノムは遺伝的多様性が見事に保たれており、復元するのにふさわしそうだ。チャーチと同僚の研究者たちは、そのDNA配列をコンピュータにプログラムし、化学物質を扱うロボットを使って材料となる化学物質からDNAを組み立てることができる。それほど長くはかからないそうで、2018年には、再生が期待できるケナガマンモスのDNAを用意できそうだという。

ハーバード組のその後の計画とは、マンモスに固有のDNAの断片をアジアゾウの細胞に挿入し、化学的な刺激を与えることで、それらの細胞を「幹細胞」（どんな組織も作りうる細胞）に変えるというものだ。このハイブリッドの幹細胞を、核を除去したアジアゾウの卵子に挿入すれば、脂肪が厚く、体毛が長くて、巨大な牙をもつゾウに成長するというわけだ。

あなたが何を考えているか想像がつく。はいはい、ハトにマンモス、技術がどうの、カエルにドードー。それで、**ヴェロキラプトルの話はどこにいったわけ？**

よろしい、そろそろ恐竜の話をしよう。復活待ちの列で、次に並んでいるのは恐竜なのか？「イエス」と言えたらうれしいのだが、どんな専門家の答えも「ノー」だ。問題は、DNAが劣化することにある。古い枯れ葉がぼろぼろと崩れてしまうように、DNAも時間が経つと分解するのだ。恐竜が生きた時代はあまりに遠い昔なので、今となっては、そのまま恐竜を復元できるようなDNAを見つけることは無理だと考えられている。

この興ざめな発見をしたデンマーク自然史博物館のモルテン・アレントフトによると、たった500年強で、DNA鎖の半分が分解してしまうのだという。つまり、6500万～2億3000万年前の生物を扱うということは、DNAの大部分が劣化しているということだ。最初に数十億個の塩基対があっても、これだけ時間が経てば数十万回にわたり半分ずつ減ってしまっているので、ほとんど何も残っていない。

さらに悪いことに、この「琥珀に閉じ込められた昆虫からとったDNA」なるものの解析はすでに試されて失敗に終わっている。マンチェスター大学で働く琥珀の専門家、デイヴィッド・ペニーは、ずっと「樹脂に閉じ込められて化石となった蚊から抽出したDNA」という1990年代の主張を疑わしいと思っていた。そこで、テリー・ブラウンというDNAの専門家の助けを借りることにして、琥珀のなかの昆虫の標本のうち、1万年前までの比較的新しいものをいくつか選んだ（見つけづらいものではなく、宝石店でも扱っている）。閉じ込められた昆虫からDNAを抽出してみると、その劣化の度合いは、多くの博物館にある昆虫の古い乾燥標本から抽出したDNAと同程度どころか、さらにひどいものだった。

残念だが、恐竜をよみがえらせるのは科学的に不可能なのだ。クライトンの話は最初から嘘だった。しかし、この話を聞けばショックも和らぐだろう。「ディノ・チキン」だ。

予想外の方法かもしれないが、恐竜は再生されつつある。もしイェール大学のバート＝アンジャン・ブラーとアークハット・アブザノフの研究が成功すれば、未来のジュラシック・パークはヴェロキラプトルの頭部をもつニワトリで溢れるかもしれない。世紀の呼び物とまではいかないだろうが、少しばかりの入場料なら払う気になるのではないだろうか。

では、その方法とは？ まず、鳥たちが恐竜であることを忘れてはならない。鳥類の祖先はジュラ紀には存在していたし、鳥をよく見れば、恐竜とつながっていることが納得できるだろう。巨大化した鳥たちを想像してみれば、恐ろしい怪物の姿となるはずだ。さらに、そこにヴェロキラプトルの頭がついていれば怖さもひとしおだ。

もちろん、彼らの研究の目的は、公式にはディノ・チキンを作ることではない。公式の目的は、恐竜が鳥に進化する際の恐竜の鼻面から鳥のくちばしへの変化を、分子のレベルで理解することである。だが、進化の時計を1億5000万年も巻き戻すのは、いかにも生物学者好みの話だ。

恐竜には鼻面を支える骨が2本ある（現代の爬虫類にはまだ残っている）。鳥類では、これらの骨が伸びてくっついて、くちばしとなった。科学者たちは、ある2つのタンパク質の働きによってこの変化が起きたのではないかと考えた。そこで、孵化する前のニワトリの胚で、これらのタンパク質の働きを停止させてみた。するとくちばしではなく、鼻面へと成長したのだ。頭蓋骨をスキャンすると、始祖鳥の化石に驚くほど似ており、ヴェロキラプトルに似た個体も

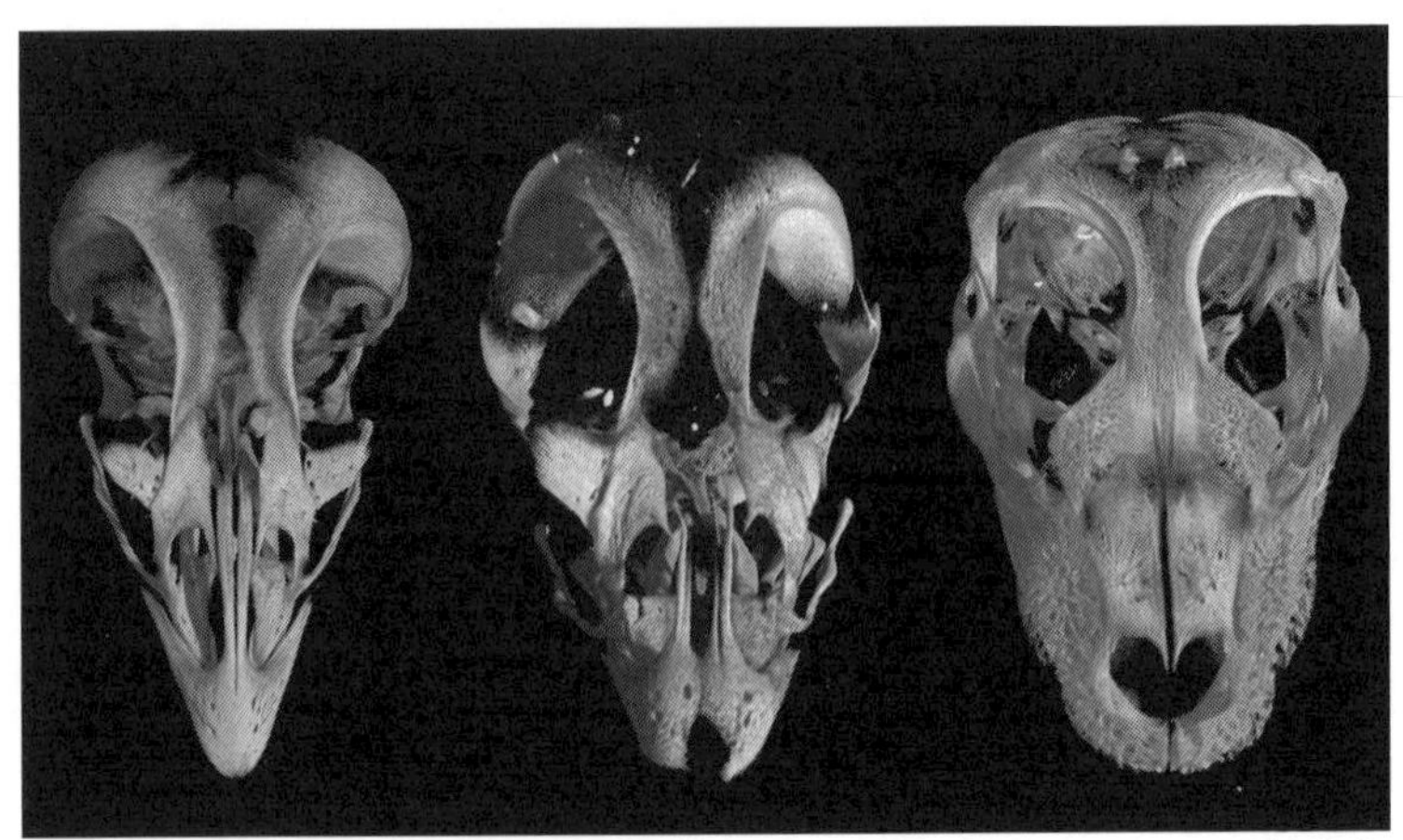

©Anjan Bhullar

［ディノ・チキン。写真の頭蓋骨は、左から順に、
通常のニワトリ、ディノ・チキン、恐竜の親戚のアリゲーター（比較用）］

あった。

　これも間違いなく魅力的な方法だが、恐竜復活ゲームに参加する方法は他にもある。たとえば、ニワトリのゲノムを改変して、ニワトリに恐竜の尾をつけるといったものだ。ただし、これはかなり複雑な方法だ。関係している可能性のある遺伝子はたくさんあるし、正しい遺伝子を見つけて微調整するのは難しい。しかし、遺伝子操作によって、少なくとも恐竜の脚の骨をもつニワトリは作られている。現代の鳥類の腓骨［**訳註：膝からかかとにかけて脛骨と並ぶ骨**］は短くて先が細くなっており、むしろとげに近い形状で、鳥のかかとに届いてすらいない。だが、チリ大学のアレクサンダー・バルガスの研究室にいる遺伝子操作されたニワトリには、この描写は当てはまらない。同研究室の研究員ホアオ・ボテルホは、インディアン・ヘッジホッグという遺

伝子（もっとすごい名前の遺伝子を知りたければ『カタカ』の章にリストがある）を阻害する方法を突き止めた。その方法を使うと、ニワトリの腓骨がまるで恐竜の腓骨のように長く伸びて、かかとに正しくつながったのだ。わかっている。確かにT・レックスを作ったわけではない。しかし、こういったことから始めなくてはならないのだ。始めなくてはならない？　そもそも、始めるべきことなのか？　これは、科学者があまり問いたがらない質問だ。なので、それを私たちの最後の疑問にしよう。

絶滅種の復活に関する倫理はどうなっているのか？

絶滅種は再生させるべきなのか？

『ジュラシック・パーク』でお気に入りのキャラクターは？

倫理観がある唯一の人物だね。ジェフ・ゴールドブラム演じる数学者だ。彼にはとびきりのセリフがある。「あんたのお抱え科学者たちは、できるかどうかに心を奪われて、すべきかどうかを考えなかった」

数学者のイアン・マルコムか。この人みたいに、下の名前としても使える苗字をもつ人って、優れた人が多いよね。マット・デイモンにマイケル・ダグラス、ジェームズ・ディーン、ケイティ・ペリー、フィオナ・ブルース、ビル・マーレイ。そして、僕もそうだな。苗字はエドワードみたいなもんだし。

ロン・ジェレミー［**訳註**：有名なポルノ男優］もそうだ。

それ誰？　知らないね。

「ここで並べ立てられている自然への謙虚さの欠如には、めまいがする」

イアン・マルコムの言うことはもっともだ。ぱっと見では、過去に絶滅した生物種をよみがえらせるのはいい考えのように思える。人間に生物種をよみがえらせる技術があるのならば、そして、人間による狩猟や生息地の破壊によって絶滅に追いやられた種であればなおさら、その技術を使う責任すら生じるのではないだろうか。誰もリョコウバトの狩猟を止めなかった。だが、もしリョコウバトを復活させられるのなら問題ないではないか。シェイクスピアの言うとおり、「終わりよければすべてよし」である。

ところが、必ずしもそうではない。こういった考え方こそ、絶滅種の再生に取りかかるべきではないとする人々が問題視するものだ。彼らの主張は、簡単に言うと、絶滅種の再生によって、保護活動における危機感や緊張感が失われるというものだ。ＤＮＡサンプルから生物種を再び増やすことができるとなれば、誰も保護について真剣に考えなくなるだろう。しかし、人々は保護について考えるべきなのだ。

過去５００年の間に、人間の活動が原因で８００以上の種が絶滅に追いやられた。今や、恐竜が絶滅して以来類のない速さで生物種が絶滅しつつある。絶滅の危機にある種を提示する国際自然保護連合（ＩＵＣＮ）の「レッドリスト」には、現在４万以上の種がリストアップされている。深刻な絶滅の危機にあるとされる生物は１万６０００種以上。今では、霊長類のほとんどの種が絶滅危惧リストに載っている。哺乳類の４分の１、鳥類の８分の１、すべての両生類の３分の１もまた、絶滅危惧の状態にある。さらに、世界の植物の約70％もまた絶滅の危機にある。なんらかの対策を講じなければ、状況が悪化の一途を辿ることは間違いない。

保護の問題から目をそらして絶滅種再生に力を注ぐことに賛成できるだろうか。特に、ケナガマンモスのように、絶滅種を復活させるために、絶滅の危機にある別の生物種（この場合はアジアゾウ）の子宮を使うことは許されるのか。考えられるのは、賢く行うことができるのならいいのではないかという見解だ。たとえば、派手な動物ではなく、今ある生態系に適合する可能性が最も高い生物種のために技術を使うのだ。

つまり、ヴェロキラプトルを再生するのではなく、レユニオンオオリクガメや、オーストラリアの茂みから最近姿を消したオジロコヤカケネズミを再生する取り組みを始めるということだ。なぜこれらの動物なのか？　それは、自然とは複雑に関連しあうクモの巣のようなものだからだ。『ライオン・キング』を引用するならば、「サークル・オブ・ライフ（生命の輪）」である。つまり、生息地や食べ物、捕食関係を考慮するということだ。生存に適した場所をどこかに見つけて、適した食べ物を確保できて、食物連鎖の壊れた鎖をつなぎなおすことができるのならば、言い換えると、単なる運の悪さや人間の愚行のせいで絶滅したのであれば、生物種としてよみがえらせるのは良いことだろう。

これは、クリスマス島に生息していたアブラコウモリにとってはいい知らせだ。このコウモリの数が１９９０年代に急激に減少した理由ははっきりとはわからないが、ドードーと同じような経緯だったのではと考える人が多い。そして、アブラコウモリの絶滅によって問題が起きた。その近隣では昆虫を食べる唯一のコウモリだったため、この種が消えた後で、周辺では昆虫が大量発生したのだ。誰も（昆虫以外は）望んでいない状況だ。

レユニオンオオリクガメがなぜ基準を満たすのか、疑問に思う人もいるだろう。確かに、他の動物に食べられることはないし、植物しか食べないので、動物の個体数の調整には関わっていない。だが、このカメは糞によって植物の種をばらまいていた。よって、カメが絶滅してからというもの、カメの糞に依存していた植物もまた絶滅に向かっている。おわかりになっただろう。サークル・オブ・ライフは、糞をするカメの復活を求めているのだ。

再生のためのもう1つの基準はシンプルだ。遺伝的多様性をもち、生態系に適切な影響を及ぼし、持続的な個体数まで回復させられるだけの、十分な数の動物を適切に作り出すことができるのか、ということだ。

この疑問は、生物種の保護に努めるあらゆる団体がさまざまな形で問いかけている。たとえば、国際自然保護連合（IUCN）は、絶滅種の再生に関して公式のガイドラインを発表しており、保護についての単純な議論の他にも、注意が必要となる理由がたくさんあることを指摘している。たとえば既存の種を全滅させてしまうような、恐ろしいほど侵略的な生物種を持ち込むことになるかもしれない（オーストラリアのオオヒキガエルがその例だ［**訳注：害虫駆除のため輸入されたが現地の生態系に深刻な影響を与えている**］）。また、病気を蔓延させる新たな経路となるかもしれないし、私たちが制御できない古代の細菌やウイルスを意図せずに復活させるかもしれない。農作物や人々の暮らしを破壊したり、人を殺したりするような種を復活させる可能性もある。

ＩＵＣＮは、絶滅種の再生に関して、５つの利点と12の問題点を挙げている。数の違いからしても、その意図するところは明白だ。

古代の生物種の再生について議論する際に、よく考えねばならない重要な問題が１つある。それは、その種と人間との関係である。その種を都市部から離しておくことはできるのか。密猟や、わなや、ハンターから、その動物を守れるのか。象牙の代わりとなるマンモスの牙にどれだけの値段がつけられることになるか。再生されたサーベルタイガーを撃ちたくて、大口径のライフル銃を抱えたどこかの大ばか者が何百万ドルも払う日がすぐにくるのではないか。

絶滅種の復活が再度の絶滅への始まりになることなど、誰も望まない。そうなるのであれば復活などまったくの無意味であり、大規模な絶滅種再生プロジェクトはほとんど即座に止められるだろう。だからこそ、こういった取り組みは慎重に進める必要があるし、あるいは取り組み自体をしないという選択肢もある。

また、古代の動物をよみがえらせる際には、何をよみがえらせることになるのか、あるいはどんな新たな種を生み出すことになるのかを、よく考えなくてはならない。古代の種が地上をうろつくようになれば、たくさんの寄生生物がこの新しい状況を利用しようとして、ほぼ確実に、増殖のチャンスが最大限になるよう進化するはずだ。すでに述べたことだが、人間もまた、さまざまな新種のウイルスや細菌と闘わなくてはならなくなるだろう。私たちはすでに抗生物質に対する耐性の問題に直面している。私たちがもつどんな医薬品でも殺すことのできない致死的な病原菌が進化によって現れる可能性があるというのに（大げさすぎると思うなら『28日後…』の章まで待ってほしい）、あなたは本気で新たな敵のための繁殖地を作りたいと思うのだろうか。

それとも……、「いや、やめるべきだ」と本心から言うだろうか。

コラム

カオス理論——絶滅種の再生は必ず悪い方向に進むのか？

カオス理論とは、「複雑な系における予測不可能性を扱っているだけ」だという。これはジェフ・ゴールドブラムがローラ・ダーンに言ったことだ。もちろんローラはこの説明では納得しない。ジェフはローラにちょっかいを出し始め、彼女の髪をいじり、彼女の手をとって、手の甲に水滴を落とし、こう説明する。彼女の肌が完全にはなめらかではないので、水滴が進む方向に非常に多くの可能性が生じ、水滴がどの指に流れるか予測できないのだと。

実際のところ、この説明は、理論というよりも、ある特定の状況において何が起きるかを述べているにすぎない。そういった状況では、条件が少し変わるだけで振る舞いが大きく変わるような物理的特性が存在する。そして、恐竜を破滅させた原因はそこにあるのかもしれない。なぜか？　この太陽系にある惑星やさまざまな小惑星の軌道もまた、カオスの一例だからだ。惑星の軌道は一般的に安定しているのだが、小惑星帯にある岩石の軌道は、その周辺の引力のわずかな変化に対して非常に敏感である。太陽系の惑星が、たとえば1億年ごとに生じるような特別な配置になると、1つの小惑星が安定な軌道から外れて、新しい引力を受けることで元の軌道からはじき飛ばされるということが起こりえるのだ。その小惑星の軌道はカオス的になり、何が起きてもおかしくない。たとえば、地球と衝突することもありえる。カリフォルニア大学ロサンゼルス校の研究者によると、ざっと6500万年前に、カオス的な変動が生じた時期があったということだ。これは恐竜が絶滅した時期とほぼ一致している。

物理学的な系だけではない。自然界もまたカオス系であるようだ。たとえば、昆虫の個体数がわずかに変化しただけで、生態系が壊滅的に崩壊するということがありえる。また、ある種のサメで起こることだが、動物を交尾の対象がいない状態にすると、自身のクローンを作る能力が発現することもある。あるいは、切り貼りした遺伝子の断片によって不安定性が引き起こされ、ヴェロキラプトルのような生物の基本的行動を変えてしまう可能性もある。つまり、自然に干渉するなら命がけになるということだ。

これは思っていたよりも、ずっと複雑で微妙な問題なんだね。下の名前としても使える苗字をもつ、栄えあるイアン・マルコムの言うとおりだよ。じゃあ、章の内容をまとめようか。

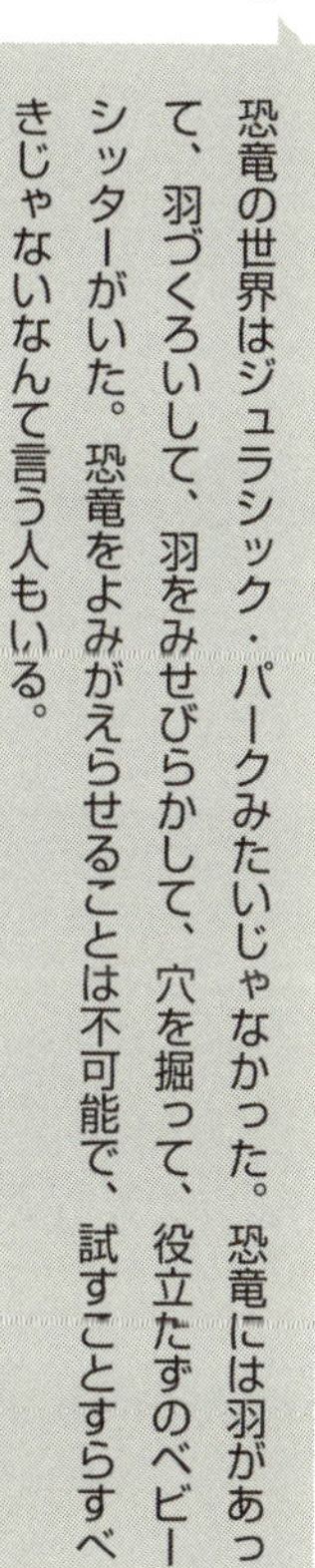

恐竜の世界はジュラシック・パークみたいじゃなかった。恐竜には羽があって、羽づくろいして、羽をみせびらかして、穴を掘って、役立たずのベビーシッターがいた。恐竜をよみがえらせることは不可能で、試すことすらすべきじゃないなんて言う人もいる。

もしかして怒ってる?

怒ってるさ。僕は恐竜が見たいんだ。ジュラシック・パークへ行きたいんだ。のどかな風景のなかを歩いていたのに、ひょこひょこ走るガリミムスの群れにさえぎられるとか、してみたいんだよ。

駄々っ子かよ。クリスマスプレゼントの希望リストにアブラコウモリを加えるくらいで我慢するんだね。

第3章

インターステラー

ブラックホールは本当にあるのか?

ブラックホールに落ちたらどうなるのか?

私たちに量子データは本当に必要か?

これはとても特別な映画でね。スーパー科学者のキップ・ソーンが製作に協力してるんだよ。僕にとっては神様みたいな存在で、生存している最も偉大な科学者の1人なんだ。彼が博士号をとったときの指導教員は、ジョン・ホイーラーといって、「ブラックホール」という言葉を作った人物だよ。キップ・ソーンのおかげで、『インターステラー』はブラックホールを初めてリアルに描写したことで大評判になったんだ。

違うよ、リアルな描写は初めてじゃないはずだ。1979年にフランスの天体物理学者ジャン＝ピエール・ルミネが、パンチカード入力式コンピュータを使ってブラックホールがどう見えるかを計算している。彼はプリンターをもっていなかったから計算結果を手作業で描いたんだけど、それが『インターステラー』に登場するブラックホール「ガルガンチュア」にそっくりなんだよ。

なぜそんなこと知ってるんだ？

逆に、なぜ知らないわけ？　僕は誰かさんと違って、この映画についてキッ

『インターステラー』は大ヒット作というだけではなく、科学面でもセンセーションを巻き起こした。原案となる本を書いたキップ・ソーンは素晴らしい宇宙物理学者であり、２０１５年の重力波観測を支えた天才たちの１人である【訳註：この功績により２０１７年にノーベル物理学賞を受賞した】。この重力波の存在は、アルベルト・アインシュタインが１００年前に予測したものだった。

ソーンは『インターステラー』の初期のプロットを書いており（スティーヴン・スピルバーグが監督する予定だった）、製作総指揮に名を連ねることとなった。だが、彼が一方的に映画に貢献したわけではない。ソーンと彼のチームは、ハリウッドのＣＧＩ製作会社が有するとてつもない規模のコンピュータ・パワーを利用して、ブラックホールの性質を解明するための科学計算を新たに行った。ソーンたちは、映画の科学をかつてないレベルにまで押し上げながら、成果を論文にまとめて論文審査のある学術専門誌で発表もしている。『インターステラー』には、ブラックホールがどのようなものであるかについての最新の科学的見解が盛り込まれているのだ。

プ・ソーンが書いた本を読んだだけだよ。君は似非ファンだね。

コラム

巨人の名をもつガルガンチュア

『インターステラー』に登場するブラックホールのガルガンチュアは太陽の1億倍の質量をもつ。非常に巨大であり、この太陽系の中心に置けば、地球の軌道がすっぽり入るほどだ。しかも、そこに鎮座しているわけではなく、光速の99・8％という速さで回転する。キップ・ソーンによるとこれは重要なポイントであり、この回転が重力場に影響を及ぼすことで、近くにあるミラーの惑星が安定した軌道上に存在できるようになるのだという。だが、その代償が1つだけある。非常に強い重力場のなかにあるため、この惑星では、時間の進みが極度に遅いのだ。これは相対論的影響によるものであり、ミラーの惑星で1時間過ごすごとに地球では7年が経過することになる。

ブラックホールの素晴らしい外観についてはどうだろう。おそらくガルガンチュアの描写のなかで最も印象的な部分だが、それは、映画の特撮担当が適当に作ったものではなく科学的な裏づけがあるためだ。当初考えられていたのは、星々の光を受けて、黒い穴に落ち込むガスが円盤状に輝いて見えるというよくある描写である（「降着円盤」として知られる）。しかし、正確に何が起こるかを科学者が調べたところ、ブラックホールによって周辺の空間がねじ曲げられるために、私たちから見える円盤の形がゆがめられることがわかった。コンピュータによる計算の結果、奇妙なハロー効果が生じて降着円盤がブラックホールの上下と手前にも見えることがわかったのだ。初めは計算ミスかと思われたが、科学者たちはこれがブラックホールの真の姿であることを知って驚いた。

ソーンがハリウッドと関わるのは今回が初めてではない。地球外知的生命体を題材としたカール・セーガンの『コンタクト』という小説と映画で、ワームホールを利用する宇宙旅行というアイデアを出したのはソーンである。また、スティーヴン・ホーキングの伝記映画『博士と彼女のセオリー』の登場人物でもあり、エンゾ・シレンティがソーンを演じている（ちなみに『オデッセイ』にも出演した役者さんだ）。

『インターステラー』の舞台は未来であり、地球は、人々がこれ以上は住めない状態になりつつある。農作物に蔓延する正体不明の疫病のために農業はどんどん困難になっていて、人類は新たな移住先を求めている。だが不運なことに、目先のことしか考えない政治家たちが何十年も前にNASAを閉鎖してしまったため、希望はほとんど残されていないかに思われた……。

とうてい信じられないような出来事が続いた後、NASAで最高の宇宙飛行士だったジョセフ・クーパー（マシュー・マコノヒーの振り切った演技がいい方向にいってない）は、ある秘密を見つける。少数の勇敢な人々が宇宙船を飛ばす夢をもち続け、極秘の宇宙計画を進めていたのだ。そこから、数々の途方もない計画が始まった。親切なエイリアンが提供してくれた時空間の便利な裂け目の助けを借りながら、ブラックホールをより良い未来への扉として使おうとするのだった。

いつか、私たちにも同じような試みが必要になるかもしれない。多くの科学者は、長期的に見たときの人類の唯一の希望は、他の星々への移住だと考えている。そのときにはブラックホールの助けが必要にならないとも限らない。そこで、最初の疑問は当然これだ。**ブラックホールは本当にあるのか？**

時空にぽっかり開いた穴

この映画の前提となる部分に、ちょっとした疑問があるんだよね。エイリアン的な存在がブラックホールの内部に住んでいて、ワームホールを開く技術を使って5次元を通る近道を作ってくれる。

何が言いたい？

そんなにすごい技術をもってるのなら、たぶんだけど、作物が枯れる問題な

んて簡単に解決できそうだなと思って。単純に、超次元的なスーパー植物活性剤の大きな缶とかを地球に送りこんで、自分たちは5次元に戻るとか、できなかったのかね？

農業のちょっとした問題なのに、キップが用意した解決策は過剰なテクノロジーを使ってるって言いたいのか？

心配してるんだよ。君のお友達のキップは、超難解な物理でどんな問題でも解決できると思ってそうだなって。

僕らが別の惑星に移住するときに、君みたいな人たちはきっと置いてけぼりを食わされるよ。

『インターステラー』の最大かつ最も作りこまれたキャラクターは、ブラックホールのガルガンチュアだろう。この映画によると、人類が生き残る唯一の希望は、この荘厳ともいえる天体からもたらされるのだ。

さまざまな意味でかなりデリケートな存在であるブラックホールにとっては、大きなプレッシャーだ。ブラックホールには不遇ともいえる時代が長く続いていた。最近ではほとんどすべての人が「ブラックホール」という名前に馴染みがあると思うが、最も著名な科学者たちに、消えてほしいと思われていた時期があったのだ。

最初にブラックホールについて真剣に考えたのは、インド人物理学者のスブラマニアン・チャンドラセカールである。彼は、恒星がどのようにしてその一生を終えるかを計算していた。そして、十分に重い星であれば、自重に負けてつぶれてしまうことに気づいた。その理由を（そしてブラックホールの正体を）知るためには、アインシュタインの一般相対性理論を少しばかり理解する必要がある。心配はご無用、そんなに難しくはない［まあ、本当は難しい。しかし本書では皆さんのために（自分たちのためにも）やさしく説明する］。

アインシュタインの理論は、アイザック・ニュートン卿の重力の理論の改訂版である。ニュートンの理論とは、ある物体が別の物体の質量の影響を受けてどのように動くかを説明するものだ。この理論を使うことで、質量によって互いに引力を及ぼしあう惑星の軌道を計算できるようになった。

アインシュタインはもう一歩踏み込んで、それらの物体がなぜそのように動くのかという理

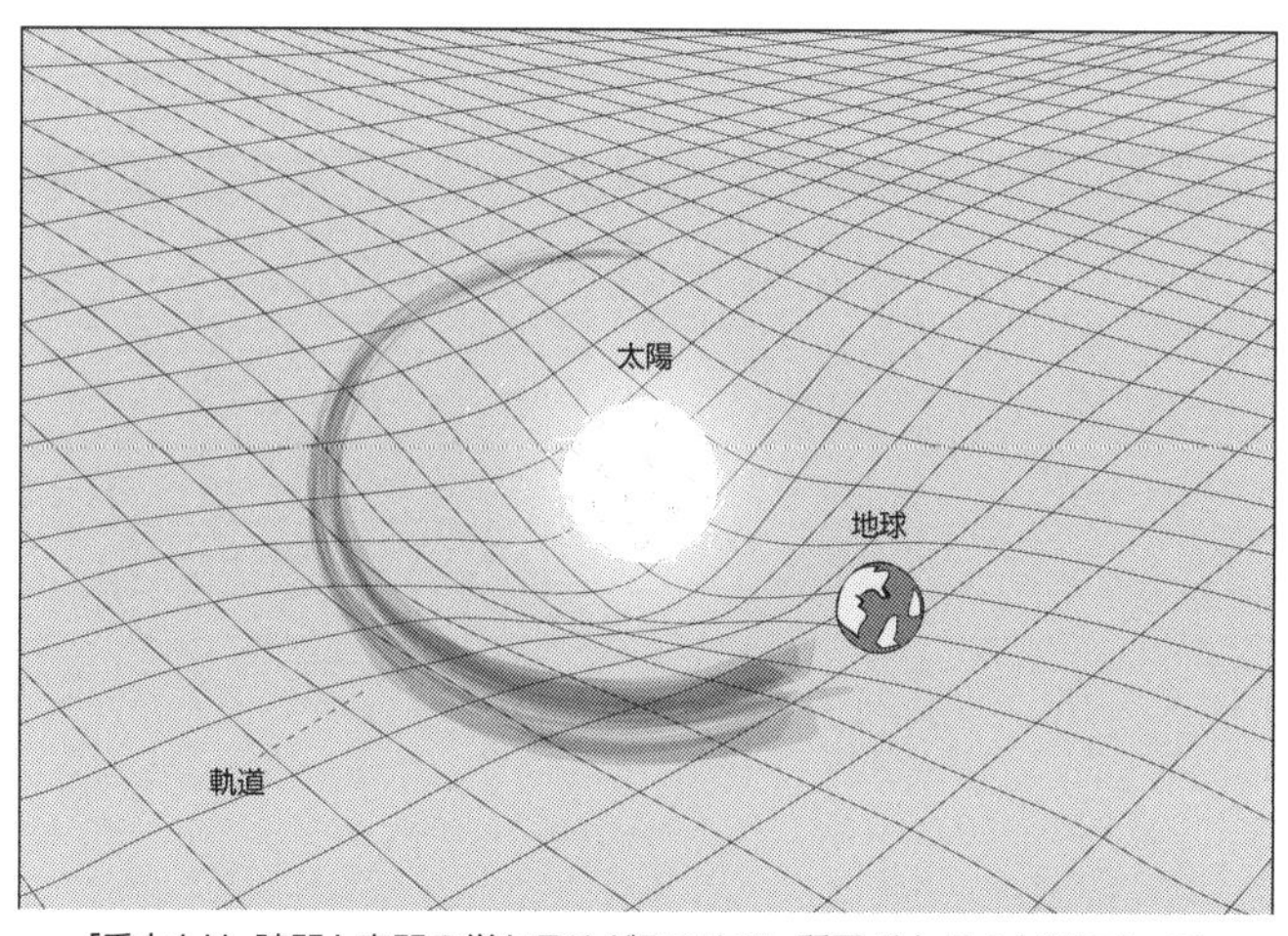

[重力とは、時間と空間の単なるゆがみである。質量が大きい太陽によって周辺の空間がゆがむため、地球が太陽に向かって「落下」し続けるのだ]

由まで説明した。彼の理論は、私たちが暮らす空間と時間が、固定化された平坦なものではないというアイデアから始まる。空間と時間は、質量とエネルギーによってゆがめられる。トランポリンで遊ぶときに、私たちの体の質量や飛んだり跳ねたりするエネルギーによってトランポリンが伸び縮みするのと同じことだ。このゆがみによって、質量の大きな物体や高いエネルギーをもつ物体の周辺では、時間と空間（時空と呼ばれることも多い）が曲がる。そして、この曲がった空間のなかでは、まっすぐに進んでいるつもりでも、実は空間のゆがみに従って進むことになる。つまり、重力とは、物体が他の物体を引き寄せているように見えるけれども、本当は、宇宙における経路がゆがめられるために思いもしない方向に進むということなのだ。

さて、チャンドラセカールのアイデアに戻ろう。恒星とは、核融合を起こしているガスの玉だ。核融合による外向きの圧力によって、自身の重力を押し返して膨らもうとする。しかし、燃料をすべて使い果たせば、星の内部で作られた原子と分子が残るだけだ。すると、これらの原子と分子の質量により星全体に引力が働いて、瀕死の星は縮んでいく。小さくなればなるほど引力は強まり、星はさらに小さくなるので、密度が高くなる。そしてさらに引力は強まり……、と続くわけだ。こう考えると、最初の状態で星が十分に大きい場合、最終的に、星の密度は無限大となる。これは物理法則に反することなので、大問題だ。アインシュタインの一般相対性理論によると、無限大の密度をもつ物体は、その重力場によって時間と空間のゆがみが大きくなりすぎて存在できなくなるという。その結果、ブラックホールの近傍では場の曲がり（曲率）が無限大となり、宇宙を織りなすものである「時空」に穴が空くのだ。

当時の天文学会の重鎮だったアーサー・エディントン卿は、チャンドラセカールの研究を「星についての悪ふざけ」だと笑い飛ばした。なぜなら、曲がった空間という考えを含めて、アインシュタインの宇宙論はまだ登場したばかりの新説だったからだ。実験による裏づけが少しずつ進んで徐々に受け入れられ始めたところだったのに、チャンドラセカールの指摘は、アインシュタインの宇宙の文字どおり細かい穴を突くものだった。そのために、それから長い間、ブラックホールは単なる仮説だと言われることになった。ほら、進化についてそういうことを言う人々がいるみたいに……［ここでいう「人々」は、「バカ」と同義］。

ブラックホールが単なる仮説にとどまらないことを示すには、実物を1つ見つければいいのだが、それが難しい。なぜって？　ブラックホールが黒いからに決まっている。

ブラックホールは非常に強い重力場をもつので、近づきすぎるとその引力から逃れられなくなる。怪力だったら逃げられるとか、そういう話ではない。ある境界を越えると、どんなものでも抜け出せなくなる。光でさえも出られない。この境界が、特異点を囲む球面で定義される、「事象の地平面」である。宇宙で最も速い光でさえもブラックホールの引力から抜け出せなくなるような、特異点からの距離を表している。

そこから光が（あるいは他のどんな放射も）出てこないということは、当然、見ることができないということだ。よって、理論上、ブラックホールは絶対に見られない。だが、この章でこれからもちょくちょく起きることだが、理論と実際とはかなり違う。実際には、私たちはブラックホールを見ることができる。原理的には、ブラックホールに引き寄せられるどんな物体でも、その物体は光を放つので、これを観測できるはずだからだ。

とにかく、そう考えられる。確かに、そうした光が見えたところでブラックホールの決定的で確実な証拠にはならない。渦を巻いて中心部に向かう光（たとえばこの銀河の中心など）という現象がすべて他の理由で生じている可能性はある。だが、ブラックホールが最もシンプルな説明なのだ。特に、ブラックホールがありそうな場所で生じたいくつかの現象で、ブラックホールの影響を受けているとしか考えられないものがある。

なかでも最新かつ最も説得力のある証拠が、重力波の観測である。アインシュタインは、一般相対性理論とその不安定な時空について発表した少し後に、重力波を予言した。大きなレンガを池に投げこむと波ができるように、極度に大規模な宇宙的事象が起きると時空にさざなみが生じるはずだというのだ。

なかなかいい考えで筋も通っているのだが、検出するとなると極度に難しい。理論的には、あなたが手を振るだけでも質量が動いて時空が震えるのだが、その検出はまず無理だ。重力とはとんでもなく弱い力であって、手を振るようなわずかな動きでは宇宙をほとんど震わせられない。重力波は実際に検出できているが、その実験について知れば、検出がいかに難しいかがよくわかるだろう。

最初に重力波が検出されたのは、2015年9月のことである。この重力波の原因となったのは、2つの強大なブラックホールの衝突であった。衝突したのは10億年以上前のことだ。そう、10億年も前だ。影響がこれほど長く続く大規模な宇宙的衝突を観測するためには、陽子の直径の1000分の1程度の空間しか乱さないようなさざなみを検出する必要がある。これは、1メートルの10億分の1の、さらに10億分の1程度である。どんな定規でもまず測れない。だがLIGO（レーザー干渉計重力波天文台）は、そこらの定規ではない。

建設開始から20年以上にわたり観測準備を整えていたLIGOは、壮大な事象がごく小さな波として現れたとき、その役割を果たした。ブラックホールの衝突による空間の揺れ方は、検ブラックホールが互いの周りを回転し、やがて合体する。

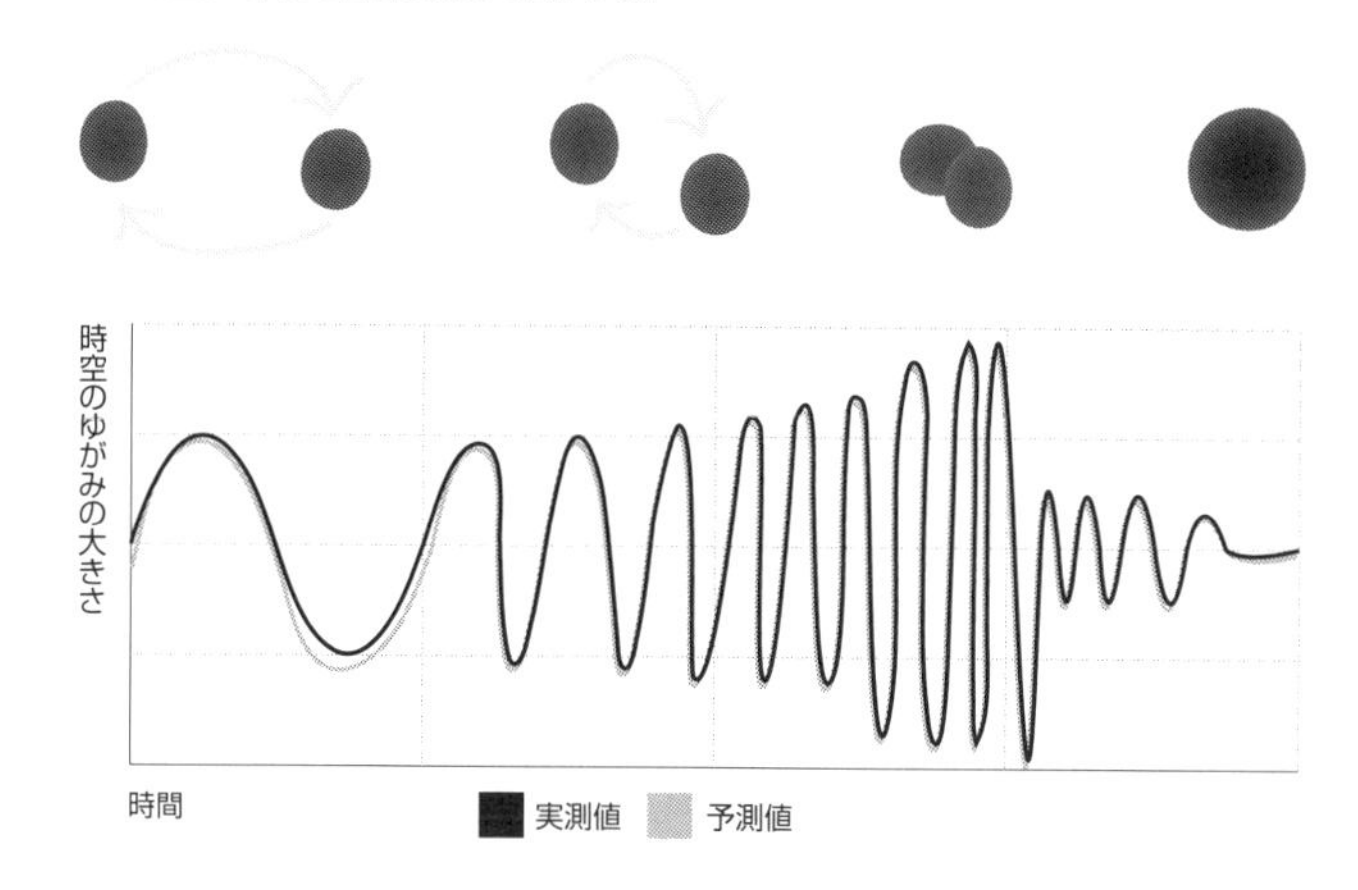

［LIGOによるブラックホール合体の検出。グレーの線は、最も感度の高い検出装置LIGOが検出する重力波の信号の予測値。黒の線は実際に検出された信号。ほぼ完全に一致している］

出前から予測されていた。そしてＬＩＧＯが検出した揺れは、その予測値と非常によく一致したのだ。確かに、厳密には誰もブラックホールを見ていない。だが、ＬＩＧＯのおかげで、ブラックホールが実在する確証が得られたのだ。

そして、ブラックホールが実在するのならば、理論的にはブラックホールの探索も可能なはずだ。マシュー・マコノヒーのように、ブラックホールを使って真実の愛の超次元的な性質を活用するのは無理だとしても。（正直、私たちもあれにはがっかりした。だがこれだけは信じてほしい。ディズニー的な世界の外では、真実の愛のキスなどあてにはならない。）しかし、用心は必要だ。ブラックホールを軽々しく扱ってはならない。理由は、２つ目の疑問を見るうちにわかるだろう。**ブラックホールに**

ブラックホール近くで起こること

「愛は時間も空間も超えるの」ってセリフはどう思った？　愛は観察可能で強力なもので、なんらかの意味があるはずだっていうあたり。

あの場面のクーパーの答えは完璧だったと思うよ。愛の「意味」は、確かに、社会の安定や子孫繁栄に貢献することにあるからね。

それって冷たくない？　奥さんに向かって、君の社会貢献度を高く評価しているよ、みたいに言うわけ？　そんなの想像もできないよ。

そりゃ君は僕ほど長く結婚してないからね。

ブラックホールに落ちたクーパーは愛の意味を見出す。私たちがそれと同じような悟りを得ることはまずないとは思うが、では何を発見するかというと、はっきりとはわからない。

こんなにシンプルな疑問なのに、その答えは本当に複雑だ。答えも一通りではないかもしれない。時間旅行や並行宇宙での冒険などを含めて、さまざまな可能性がある。視点の問題も絡んでくる。ブラックホールに落ちたら何が起きるかは、あなたの立ち位置によって変わるのだ。あなたが落ちる人を外から見ているのならば、あなたが見ているものは、落ちている人の体験とはまったく異なる。

映画では、マコノヒーはブラックホールの事象の地平面のなかに入る。この引き返せない境界をいったん通り過ぎると二度と外には出られない。理論的には。しかし、どうにかして（ネタバレはしない）、実際には彼は外に出る。自然法則が不正に破られていることを批判するつもりはない。キップ・ソーンという神様のような頭脳が生み出したことであり、我々ごとき者たちが彼の決定に疑問をもつなど恐れ多いからだ。ここでは、映画とはだいぶ違うが、ブラックホールに落ちたときに起こると考えられていることを説明しよう。

まず、事象の地平面に近づこう。と思ったが、やっぱりやめた。私たちは離れた安全な場所から見ることにする。あなただ。あなたに入ってもらおう。足からだ。できるだけ楽しんでほしいからね。

あなたの目の前には見事な黒い広がりがある。これまで見たことのない完全なる闇だ。ブラックホールの中心にある特異点までの距離は、あなたの頭よりもつま先のほうが、身長の分約2メートル近い。そのため頭とつま先で受ける重力の大きさが変わるので、事象の地平面のあたりでは、体は潮汐力によって引き伸ばされる。物理学者たち、特に遊び心のある連中は、これを「スパゲッティ化現象」と呼ぶ。ブラックホールによって、あなたの体はスパゲッティのように細長く引き伸ばされるのだ。

あなたが落ちようとしているのが超巨大なブラックホールだとしよう。たとえば、私たちの天の川銀河の中心にあるとされる、いて座A*(エー・スター)のような超大型ブラックホールだ。いて座A*には非常に強大な重力場があり、かなりややこしい物理学が背後にあるのだが、事象の地平面での2メートルの差によってあなたの体は引き伸ばされるけれども引きちぎられるまではいかない。もしこれが小型のブラックホールならば、事象の地平面を通る前にあなたの頭は引っこ抜かれているところだ。ほらね、大型のほうでよかった。

さて、お楽しみはスパゲッティ化だけでは終わらない。とんでもない。まず、あなたは空間ではなく時間のなかを移動している。事象の地平面の向こう側にある非常に強い重力場によって、空間と時間があまりに大きく曲げられるため、この2つは役割を交換してしまう。今やあなたは時間のなかを移動しているが、時間というものは私たちの最高の技術でもコントロールできない。あなたの旅の終着点（つまり特異点）は、明日がくるのと同じように避けられないものとなった。実質的に、特異点は空間における1地点ではなくなり、あなたの未来の、ある瞬間となったのだ。

コラム　ブラックホールを題材とした映画あれこれ

警告：スパゲッティ化すべき映画がいくつか含まれている。

『ブラックホール』（1979年）

宇宙船USSパロミノ号の乗員によって、ブラックホールの近くにとどまる宇宙船が発見される。なぜブラックホールに吸い込まれていないのか？　謎の「無重力」空間で包まれていたからだ。後でわかるのだが、ブラックホールの内側には奇妙な生命体が住んでいた。もしかすると、キップ・ソーンはこれを参考にして、5次元の存在という（ひどい）アイデアを思いついたのかもしれない。

『ロスト・イン・スペース』（1998年）

西暦2058年、環境汚染のために地球は人類が住むことのできない場所になりつつあった（壊滅的に作物が枯れるという設定と少し似ているね、キップ。一定のパターンがあるらしい……）。ドラマ『フレンズ』でジョーイ役のスターも出演しているこの映画では、ブラックホールができた理由は恒星（スター）ではなく惑星の崩壊によるものだった。これは普通の物理法則が成り立つ宇宙では起こりえないことなのだが。

『ブラックホール　地球吸引』（2006年）

『ブレックファスト・クラブ』のジャド・ネルソンが成長して本作では素粒子物理学者となっており、粒子加速器による偶然の事故でブラックホールを作り出してしまう。そこから奇妙な生命体が現れる。もしかして、こちらがネタ元かな、キップ？

『スフィア』（1998年）

太平洋の海底に、地球外からブラックホールを抜けてやってきたと思われる宇宙船が沈んでいた。だが実は、これは未来からやってきたアメリカの宇宙船だったのだ。構想はマイケル・クライトンの原作に基づくものだが、そこから下り坂に向かった映画。ダスティン・ホフマンにシャロン・ストーン、サミュエル・L・ジャクソンと、みんなの演技は良かったのだが。

『トレジャー・プラネット』（2002年）
それほどひどくはない宇宙版『宝島』のアニメ映画。エマ・トンプソンが猫みたいな姿の船長の声を演じている。ブラックホールはこの映画では端役扱いだ。恥をかいた物理学者はいないし、製作時の相談役にすらなっていないと思われる。

ところが奇妙なことに、あなた自身はこういったゆがみに気づかない。あなたは今や現象の一部なので、何か変わったことが起きているようには見えない。だが、外の私たちからは、あなたの様子はまったく違って見える。

私たちは事象の地平面から安全な距離をとっているが、私たちが観察している強力な重力場は、ようやく私たちのところまで戻ってくる光に奇妙な影響を及ぼしている。あなたが事象の地平面に向かって落ちている間に、あなたに反射した光は重力に引き伸ばされて波長がどんどん長くなる。そのため、私たちからは、あなたが赤くなっていくように見えるのだ。

強い重力場の影響はそれだけにとどまらない。時間も遅らせるので、あなたが落ちる速さが徐々にスローになるように見える。事象の地平面に到達もせず、視界から消えることもない。つまり、私たちは、避けがたい赤い死に向かうあなたの姿を永遠に見続けることになる。なんとも楽しいことだ。

さて、羨ましくなるようなあなたの体験に話を戻そう。ここで特異点が登場する！　次に何が起きるのかは、正直なところ、専門家でも推測の域を出ない。単に重力に押しつぶされて死ぬだろうと言う人もいる。特異点によって新たな時空が形成されて新宇宙となった場所に行くだろうと言う遊び心のある物理学者もいる。ほら、やっぱり楽しい！

この宇宙の別の場所に現れるという説も楽しい。これは、ブラックホールは実はワームホールであり、時空間の別の場所をつなぐ出入り口となるというアイデアだ。つまり、ブラックホールによって、『バック・トゥ・ザ・フューチャー』で見るような時間旅行ができるかもしれない。

物理学者のなかには、ブラックホールの特異点を通過することが空間の「余剰」次元にアクセスする方法だという説を唱える者もいる。つまり、この人生でずっと経験してきた退屈な3次元空間を飛び出して、ようやく5次元空間でのバケーションを楽しむことができるのだ（念のためだが、4つ目の次元は「時間」なので、飛ばしたわけではない）。しかし、マシュー・マコノヒーがいくぶん薄気味悪くも娘の寝室の本棚の後ろに現れるというのは、絶対に違う。ネタバレになってしまったら申し訳ないが、かなり違和感があったし、あれは起こらないということを知っておいたほうがいい。

最後にもう1つ。これまで説明してきたことはすべて間違っているかもしれない。理由は、アインシュタインの一般相対性理論は確実に間違っているからだ。はい、そのとおり。アインシュタインはすべての答えを知っていたわけではない。

公正を期すために言うと、アインシュタインの理論はいいスタート点となった。だが重力についての予言は、ある意味、自身の理論の破綻を予言することでもあった。ブラックホールによる重力波の観測は、ブラックホールが実在することを意味する。ブラックホールが実在するのに、無限大の曲率をもつ特異点で何が起こるかを一般相対性理論で説明できないとすれば、この理論には何かが足りないのだ。不完全であり、他の何かの助けが必要である。いずれ、現状を説明できるもっと良い理論に取って代わられることになるだろう。「教室の後ろに立ってなさい、アルベルト」。いや、本当はこうだ。「校長室に行って、量子データをとってきなさい」

『インターステラー』では、この「量子データ」があちこちで言及される。あらゆるものに対する鍵なのだ。人類の生存、ブラックホールの理解、宇宙航行、パッケージを破らずにハマス（ひよこ豆のペースト）のカップを抜き取る方法……。ええ、確かに最後の例は違うかもしれない。だが、他のは正しいはずだ。そこで、私たちの3つ目にして最後の疑問はこうだ。**いったいなぜ量子データが必要なのか？**

量子と重力の出会うところ

この映画ですごくいいと思うのが、ロボットが人間型じゃないことだね。考えてみれば、納得できる設定だ。人間型ロボットほどの絆を感じることもないし、大して気がとがめることなくブラックホールに放り込めるからね。

確かに新鮮だったね。ロボットの設定を変えられるところもよかった。正直度、ユーモア、人間信用度とかね。友達の設定を僕が変えられるといいんだけどなあ。

でもさ、君の設定を友達に変えられたいと思う?

そもそも必要ないよ。僕の設定は完璧だから。

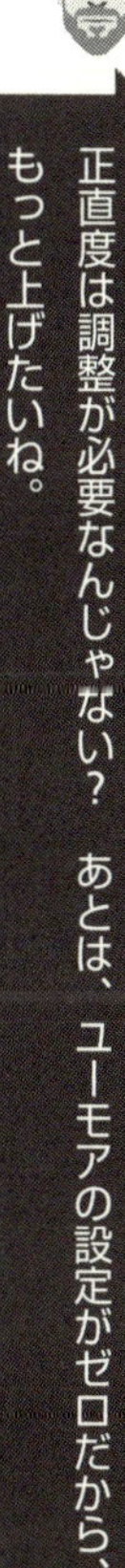
正直度は調整が必要なんじゃない？　あとは、ユーモアの設定がゼロだから、
もっと上げたいね。

金魚並みの記憶力の持ち主でなければ覚えていると思うが、一般相対性理論で宇宙のあらゆることを説明できるわけではない。そのためには、物理学者が言うところの「万物の理論」が必要となる（そのまんまの名前だ）。

肉眼で見える最も遠い星であるカシオペヤ座V762から、光線が宇宙をわたって地球に届くまでを考えてみよう。相対性理論を使えば、通り道にあるあらゆる惑星と恒星の重力による空間のゆがみを考えることで、光線の経路を説明できる。一方、量子力学で説明できるのは、1万6000年の旅を終えてついにあなたの目に到着した光に含まれる1個の光子が、目の網膜のなかの1個の分子と相互作用するときに何が起こるかということだ。

だが、この1個の光子が道すがら遭遇した重力場とどのように相互作用するかを説明できる理論は1つもない。なぜならば、量子力学と相対性理論とは、まったく相容れるものではないからだ。物理学者は、宇宙的規模の現象を説明できる最善の理論である相対性理論と、極微の世界を説明する最高の理論である量子力学とを組み合わせる方法を見つけていない。これは困った問題だ。宇宙の始まりについて完全に理解するための唯一の方法がわからないということになる。

物理学者が探し求める万物の理論は、相対性理論と量子理論とを組み合わせた「量子重力」に基づくものでなければならないが、これは定義しづらく、まだ記述できていない。量子重力理論の構築に向けて最も助けになりそうなのが、ブラックホールの内側で何が起きているかを理解することだ。なぜなら、ブラックホールが重力により作られる一方で、すべてのブラックホールの中心にある極限まで小さな点を記述するのが量子力学なのだから。ブラックホールとは、まさに、量子が重力と出会う場所なのだ。

しかし、これらすべての鍵は、ブラックホールの中心ではなく、その境界である事象の地平面にある。

コラム 求む、「万物の理論」

量子データは、もしそれが得られれば、かなり驚くような内容かもしれない。原子が、電子と陽子と中性子からできていることはご存知だろう。さらに、陽子と中性子がクォークと呼ばれる小さな粒子からできていることも知っているかもしれない。だが、物質世界において、さらにその先にあるもののことは?

誰にもわかっていない。現時点で最も有力な説は、あらゆるものは——物質であれ、エネルギーであれ——究極の要素である、振動するエネルギーのひもでできているとするものだ。物理学者はこのひもを「弦(ストリング)」とも呼び、いわゆる「弦理論」を作って、このひもがどのように働いて私たちに馴染みのある現実を作り出すのかを説明しようとしている。

現在のところ、この弦理論は単なる数学的な仮説である。実験に基づく裏づけはないし、私たちが生きている間になんらかの証拠が見つかる見込みもほぼない。しかし、少なくともこの理論から興味深いアイデアが得られる。

1つ目は、さまざまな種類の素粒子のそれぞれが、このエネルギーのひものさまざまな振動に対応しているという考えであり、もう1つが、空間には見えないたくさんの次元があるはずだという考えだ。弦理論には何通りかあってそれぞれで異なるが、6次元か7次元ほどが見えていないとされる。

これらの隠れた次元はどこにあるのだろう。余剰次元を探すためにさまざまな実験が行われているが、結果は出ていない。弦理論の専門家によれば、それは当然だそうだ。余剰次元は私たちの周りにあるのだが、巻き上げられて細長いチューブとなっており、その幅が細すぎて検出できないのだという。これを「コンパクト化」という(「スパゲッティ化」には負けるネーミングだ)。妙案かもしれないし、物理学で最も優雅なたわ言かもしれない(しかも、たわ言はいくらでもあるので競争は激しい)。

弦理論の他にも、相対性理論と量子力学を統一して重力の量子論を作ろうとする試みはいくつもある。たとえば、「ループ量子重力理論」、「因果力学的単体分割」、「ツイスター理論」などだ。ただし、弦理論と同じく、そのいずれもがほぼ確実に間違っている。

その理由を理解するためには、不確定性原理と呼ばれる量子現象を見ていく必要がある。この原理は、量子法則に従うあらゆるもの（最終的に物質とエネルギーで構成される宇宙にあるすべてのもの）に対して定義された物理量に関して、ある種の限界があることを示している。本質的には、どんなものでも、それについてのすべてを知ることはできない、ということだ。たとえば、ある粒子の厳密な位置を知ろうとすると、今度は、その粒子の速さ（正確には運動量）のほうがわからなくなる。

何もない空間のもつエネルギーも、厳密な値を知ることのできないものの1つだ。不確定性原理によると、ある短い時間における、ある範囲のからっぽの空間のもつエネルギーを知ることはできない。エネルギーを知ることができないということは、ゼロではありえないということだ。厳密にはゼロではないので、その空間がどれほど「からっぽ」に見えたとしても、常にわずかなエネルギーが出入りしていることになる。

量子論によると、宇宙のもつこの厳密にはゼロではないエネルギーが、「仮想」粒子のペアとなって自然発生的に現実の世界に現れるのだという。これは物質と反物質のペアであり、これらが再び出会うと、対消滅する。

これに関して、１９７４年に、スティーヴン・ホーキングが驚くべき指摘をしている。ブラックホールの事象の地平面で粒子と反粒子が出現した場合、一方はブラックホールに落ちるが、もう一方は落ちない可能性があるというのだ。つまり、再び出会うことはないので対消滅もしない。エネルギーをもつ新しい粒子がブラックホールから飛び出して、この宇宙に余分に現れることになる。このときに生成されたエネルギーの分だけブラックホールの質量が減らなければならないことに、ホーキングは気づいた。アインシュタインの相対性理論が示すように、エネルギーと質量は取り替えが利く（等価である）からだ（$E = mc^2$という公式からわかるだろう。ここでEはエネルギー、mは質量、cは光の速度を表す）。つまり、ブラックホールは常に質量を失い続けることになり、最終的に何も残らなくなる。きれいさっぱり蒸発してしまうのだ。

このホーキング放射によるブラックホールの蒸発によって、とても奇妙な結論が導かれる。宇宙からブラックホールが消えるだけでなく、そのブラックホールにこれまでに落ちたすべてのものの情報も消えてしまうのだ。しかし、量子論の根本的な法則によると、情報は宇宙の基本的な部分であって、情報を破壊することは決してできないはずだ。

この問題を説明する方法はありそうだ。すぐに思いつくのは、ホーキング放射から情報も出てくるという説明だ。しかし、これが起こりえないことは、物理学者によるさまざまな議論によって示されており、いずれもかなり説得力がある。そのため、この問題は「ブラックホール情報パラドックス」として残ったままになっている。

理論物理学者たちは40年間にわたってこのパラドックスを解き明かそうとしてきた。だが、状況は混乱するばかりだ。理論物理学者の脳みそほど、奇妙きてれつなアイデアを生み出すものはない。そして、ブラックホールほど、そのきてれつさを刺激するものもない。最近論じられている解決案には、事象の地平面に壁のようなものがあって、そこを通ろうとするものはすべてカリカリに焼き尽くされてしまうので、その先には何も入ることができない、というアイデアもある。

しかしこの「ブラックホール・ファイアウォール」説によって、また新たな問題が生じる。相対性理論によれば、重力によってブラックホールに落ちる人は、事象の地平面を横切ったときにも、自分の身に何か奇妙なことが起きているとは気づかないはずだ。だが体が炎に包まれたらさすがに気づくだろう。たとえ気持ちを落ち着けるために何杯かひっかけていたとしても。

この問題を回避する方法はまだない。しかし、さらにとんでもない説もいくつかある。ある説では、凍った量子状態にある物質でできた障壁、言い換えると粒子ベースの氷の壁が登場する。他には、ブラックホールがまともに形成されることは決してないという説もある。恒星が内側につぶれる最後の瞬間に、急に膨らませた風船のように、恒星がもう一度膨らむというものだ。また別の説では、ブラックホールの内部で時間が逆向きに流れることにより、情報が外に流れ出すという。ここで明らかなことは1つだけだ。これらはどれも正しくない。

もっと平凡な説もある。少なくとも確認ができるかもしれない説だ。情報がブラックホールに落ち込まずに、時間と空間がその役割を交換する境界でとらえられて、事象の地平面の表面にとどまるとしたらどうだろう。情報がそこに残るとすれば、そこでどう符号化されているかを確認できるかもしれない。もしそれがわかれば、重力と量子性との関係性について、大きなヒントが得られるだろう。言い換えると、量子データを得られるということだ。

驚いたことに、理論家たちはこの量子データを（もしそこにあればだが）すくい取る方法を真剣に考え始めている。現時点で最も期待されているのは、重力波の細部に何かが見つかる可能性だ。たとえば、2つのブラックホールの合体により生じた重力波ならば、各ブラックホールの事象の地平面にある量子データが波形に影響を残しているかもしれない。何かが見つかる見込みは少なさそうだし、実際にほぼないだろう。だが、「誰か希望者がブラックホールに入ることができて、もしかすると別の宇宙へと抜け出て、ありそうもないけれどもどうにか量子データを私たちに送ることができる」というのでない限り、これが一番期待できる方法なのだ。

正直言って、映画以上にこの章の議論は面白かったよ。3つともほんとに大きな疑問だよね。僕が生きてる間に量子重力が解明されるといいんだけど。

君の言いたいことはわかるよ。もし僕が人類のために何かできるとすれば、それは究極理論を作りあげて、ビッグバンを解明することだからね。

もしも君が作れたとしたら、どんな理論でもみんな感動すると思うよ。というか、役立つものを1つでも作れたどしたら大感動だ。それはさておき、内容を振り返ろう。ブラックホールは実在してて、そのなかには落ちないほうがよくて、でも落ちたなら、もしかするとだけど、他の宇宙にたどり着くかもしれない。

それと、量子データは絶対に必要だね。誰かがいて座A*のなかを調べてこようと思った場合に備えて。

思いついたんだけどさ。君が人類のためにできることが1つだけありそうだね、マイケル……。

第4章

猿の惑星

いかにして人間は頂点にたどり着いたのか？
他の動物にその地位を奪われることはありえるのか？
遺伝子操作で超絶に賢いチンパンジーを
作ることはできるのか？

話が進む前にはっきりさせておきたいんだけど、この章で取り上げるのは1968年のオリジナル版？　それとも、マーク・ウォールバーグが出演した2001年のリメイク版？　それとも、新シリーズの、創世記とか新世紀とか？

銃が大好きなチャールトン・ヘストン［**訳註**：晩年、全米ライフル協会会長を務めていたことでも知られる］主演のオリジナル版を見始めたところなんだけど、脳みそが溶けそうになってきたよ。本当にひどいからさ。

今回に限っては、意見が一致したね。ティム・バートン版［**訳註**：2001年版］も大して変わらないレベルだけど。

バートン本人も、続編を作るくらいなら窓から飛び降りたほうがマシだって言ってるくらいだからね。

依頼もされなかったみたいでよかったよ。あれの続編を見るくらいなら、窓

から飛び降りたほうがマシだもの。

じゃあ、映画は全部ひとまとめにして扱うってことでいいか。いろいろ見てるうちに、この本の続編のタイトルが思い浮かんだからよかったよ。『すごく科学的：創世記（ジェネシス）』に、『すごく科学的：新世紀（ライジング）』……。

続編が出る頃には、サルとの共著になるかもよ。

願ったり叶ったりだ。

欠点は多いものの、この映画は「ホワット・イフ」【訳注：「もし〜なら」】ジャンルの古典的名作だ。もしも人間が支配的な種でなければ？ もしも他の動物が話せたら？ もしもティム・バートンが「僕は監督しないよ。他の人が撮ったほうがいい映画になる」と言っていたら？

はっきりとそう述べられているわけではないが、この映画のテーマは進化の試練と苦難である。進化について人々が考える際の最大の誤りは、進化に究極の目的があると信じてしまうことだ。だが、進化に目的はない。進化について簡単に説明しよう。生物のDNAにランダムな変異が起きると、新たな形質を生じることがある。こういった新たな形質は役に立つ場合もあるが、役に立たない場合のほうが多い。時には役に立たないどころか害を及ぼして、生存の確率を下げることすらある。最良の形質が受け継がれるのは、その形質によって、生物と環境との関係に良い影響が生じるためだ。これを自然選択という。この強力で長期的な確率による競争が「進化」なのだ。これを受けた最初の疑問はこうだ。**いかにして人間は頂点にたどり着いたのか?**

ヒトが勝利をおさめるまで

「頂点」ってどういう意味で? もし細菌が話したり考えたりできたら、自

分たちこそが支配的なグループだと思うんじゃないかな。

圧倒的な多数派だから？

そのとおり。地球に住む微生物の個体数は人間の1000京倍だからね。君の体内にも単細胞生物が60兆ほど暮らしているんだよ。

それって、すでに僕の体と言えないんじゃないの？　僕自身の細胞よりも多いじゃないか。

前向きに考えれば、体重が増えても、君のせいじゃないってことになるかもね。

最初に2つ断っておきたい。まず、何が「頂点」かはもちろん主観による。人間は、個体数が最多の種ではないが、最も影響力が強く、最も他の種に脅かされづらい。それが良いかどうかは別として、地球上で最も強い支配力をもつ生物であるのは確かだ。たとえば、地球をあらゆる種にとって取り返しのつかない状態にする力は、人間にしかない……(『ジュラシック・パーク』の章を参照)。

2つ目に、私たちが根拠にしているのは、つぎはぎだらけの化石である。人間の進化や頂点までの道のりについて明らかになったとされることのほとんどが、議論の余地のない確実な証拠よりも、直感と推論に頼っているのだ。実際には、確かな証拠はとても少ない。そのため、進化上の変化の理由を1つの要因に絞りこむことはまず無理で、昔から言うところの「卵が先かニワトリが先か」という問題になりがちだ。たとえば、大きな社会集団を維持するために脳が大きくなったのか、それとも脳が大きくなったから大きな社会集団で生活するようになったのか。お互いに咬みつくことをやめたから歯が小さくなったのか、それとも歯が小さくなったから咬みつかなくなったのか。実際には問題はこれよりもさらに複雑であり——結論を先に言ってしまうと——すべてを明らかにするのは今後もおそらく無理だろう。これらを踏まえたうえで、人間が支配的になった理由と思われることを説明しよう。

およそ2000万年前には、そこらじゅうに類人猿がいた。少なくとも100種がうろうろしていたのだ。しかし、世界的な気候変動によって、広大な森林地帯が小さくなり始めた。森での生活によく適応していた我々のお友達である類人猿たちにとっては残念な知らせである。こうして好ましい居住環境が減少したために、類人猿の多くの種が絶滅した。だが、私たち人間につながる集団は（明らかに）生き延びて、約700万年前に「負け組さんたち、あばよ」と言い捨て、人間と最も近い種であるチンパンジーとの共通の祖先から分かれた。その共通の祖先だとはっきりわかっている化石はたまたま見つかっていないのだが、他の化石の証拠から、共通の祖先がいたことは確実だと考えられている。ダーウィンは、この祖先は「毛深く、尾があり、4足歩行で、おそらく樹上性の生活を送っていた」に違いないと考えた。

共通の祖先から分岐してからも、人間とチンパンジーとの遺伝的な差はあまり開いていない。『猿の惑星』でも一番威張っているのがチンパンジーだが、彼らのゲノムは人間と98・5％まで一致する［驚くことはない。人間のDNAの約50％はバナナと一緒なのだから］。明らかな類似点はいくつもある。人間と類人猿は、単位面積あたりに生える髪の毛の本数が同じだし、同じ血液型で分類できるし、人間にもよく見られる行動を彼らもとる。たとえばチンパンジーには、攻撃、サポート、裏切り、性的な駆け引き、悲嘆、自己認識などの行動が見られるし、グループごとに異なる、文化的ともいえる行動もある。

ヒトという種に対して、多くの人が同じような勘違いをしている。私たちがどういうわけか他の霊長類と比べてより進化していると考えているのだ。これは正しくない。人間は、系統樹の、ある1つの枝の上で進化しつつあるだけだ。チンパンジーや他の類人猿は、私たちにとっては毛深いいとこみたいなもので、彼らもまた進化しつつある。

系統樹の私たちの「枝」の正確な形はわかっていない。わかっているのは、ある祖先から次の種に進化して、それがまた次の種に進化して、それが現代の人類に続くまで繰り返されるというような、単純な直線状の枝ではないということだ。これまでに、たくさんの他の系統への枝分かれがあった。つまり、私たちの親戚筋のいくつもの種が同時に生きていた時代があったということだ。だが、これらの親戚筋はある1つの系統を除いて絶滅している。その1つが、約300万年前に出現したヒト属（ホモ属ともいう）である。さらに、このヒト属のなかで唯一生き延びた種が、私たち人間なのだ。進化におけるこの特定の競争では、私たちが勝利したことは間違いない。

チンパンジーと分かれてからの数百万年間、私たちの属するヒト属に大きな出来事はなかったようだ。確かに、進化はしていたが、実際のところは、脳が小さくて腕が長く、歯が大きくて森のなかで木々にぶらさがっている、毛むくじゃらの小さな類人猿だった。2本の足で歩き始め（2足歩行）、食料を求めて森を出て草原地帯に移動したりもしているが、いずれ人間になるという徴候はほとんど見られない。彼らを見ても、「そのうち月まで行けそうだ」とは誰も思わないだろう。

そんな彼らに、突然、変化が現れる。例によって、どういう順番で起きたのかはっきりしないが、さまざまな進歩が起きたことがわかっている。2足歩行の開始は、手が自由に使えるよ

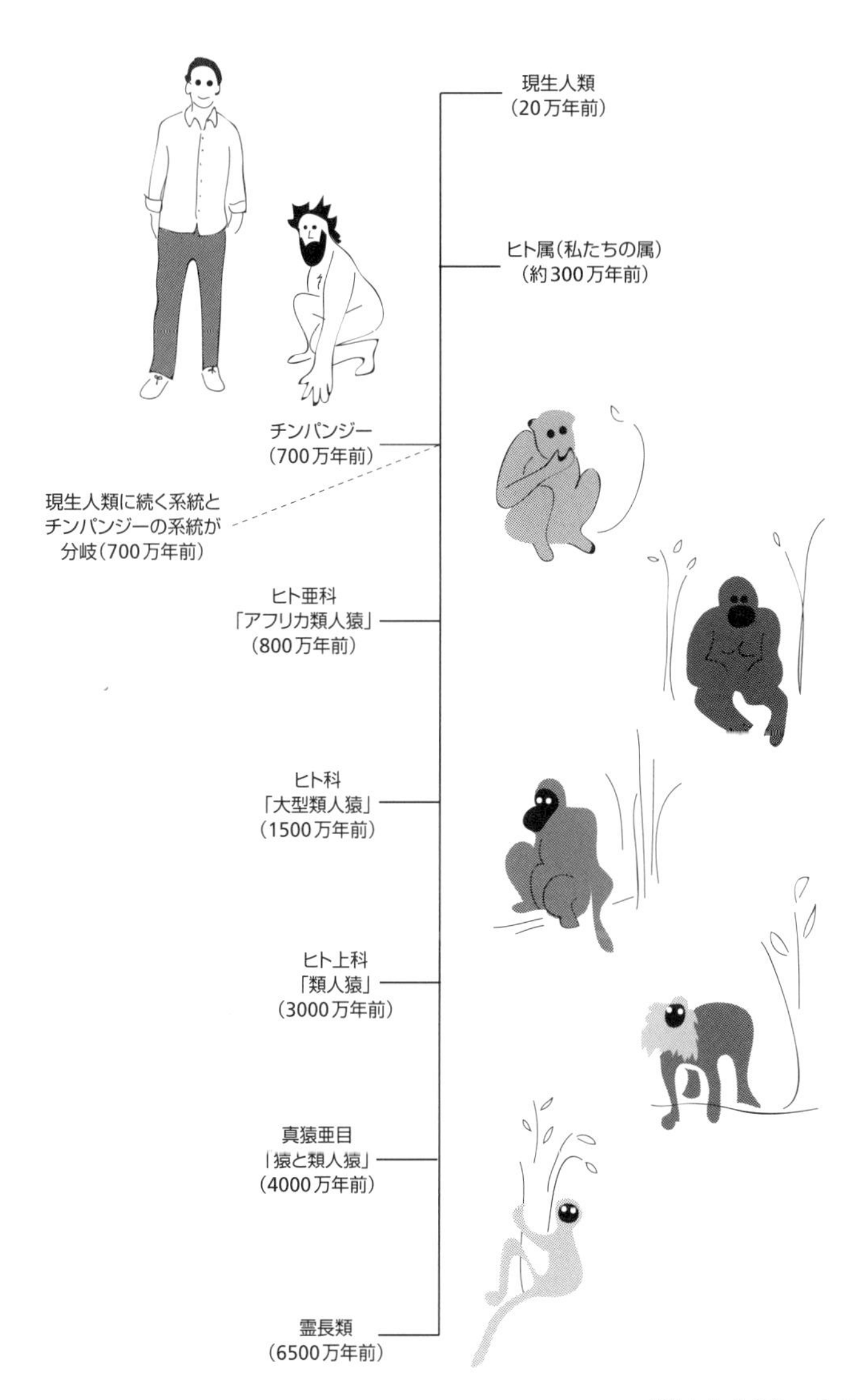

[私たち人間につながる系統]

うになったことを意味しており、３００万年前の私たちの祖先が作った簡単な石の道具が残っている。これらの道具によって脳の成長が促されたのかもしれない。鋭利な道具を使うようになれば、尖った爪は不要となって、原始的ではあるが手先を器用に使えるようになる。食料を切ったり押しつぶしたりできるようになれば、顎の筋肉はそれほど強くなくてもよくなるし、噛むための大きな歯も不要となる。それほど重要とは思えないかもしれないが、これが人間の脳が大きくなったことの謎を解く鍵かもしれない。そして、この大きな脳こそが、私たち人間と、いとこのチンパンジーを分ける最大の違いなのだ。

平均すると、おとなのチンパンジーの脳の重さは３８４グラムである。ところが、成人の脳はそれより約1キロ重く、１３５２グラムもある。このことから、大きな脳が我々を頂点に押し上げるために大きな役割を担ったのではないかとの仮説が当然生じる。

私たちの脳が大きくなった重要な要因として、ＭＨＹ16という遺伝子が幸運にも突然変異したことが挙げられる。一般に、霊長類は強い顎の筋肉をもつ。この筋肉は頭蓋骨をがっちりと押さえるため、頭蓋骨の成長を妨げる。頭蓋骨が大きくならなければ、脳も大きくはなりえない。これは「脳の成長」に関する基本である。だが、このＭＨＹ16の突然変異によって、顎の筋肉がそれまでと違うタンパク質で作られるようになり、顎の筋肉が弱くなった結果、頭蓋骨と脳が大きくなり始めたのだ。食材を細かくできる石の道具が作られる前であれば、これは不都合な変化だっただろう。また、もしこの突然変異が起きたのが私たちの祖先ではなく、他の

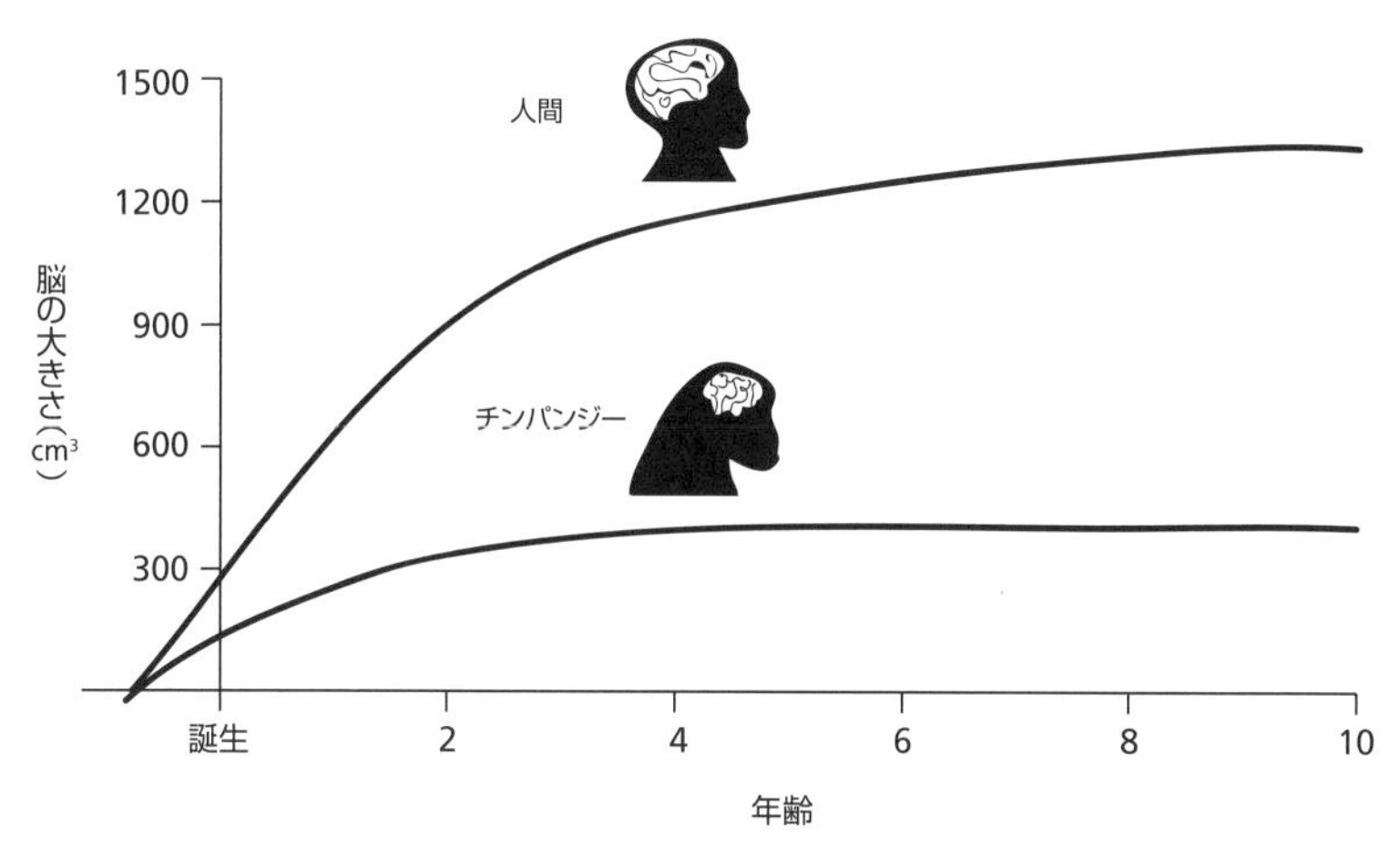

[2足歩行をするためには骨盤が狭くないといけない。そのため、赤ちゃんは頭蓋骨が小さい状態で生まれて、その後急激に頭蓋骨が大きくなる]

大型類人猿の祖先だったとしたらどうなっていただろうか。この本を書いたのは２匹のオランウータンだったかもしれない。読者にとっては大した違いではないかもしれないが。

脳の巨大化が２足歩行者にとって必ずしも望ましい変化ではないことも指摘しておきたい。まず、出産時の問題がある。２足歩行をするためには骨盤が狭くないといけないので、母親が命に関わるほどの傷を負わずに出産するためには、頭蓋骨の大きさがある程度小さくなければならない。進化の結果、人間は、胎児が十分に育たないうちに出産して、誕生後も頭蓋骨が成長し続けるという形をとることで、この問題をうまく回避した。誕生後２年間で、人間の脳はチンパンジーの脳の３倍の大きさにまで成長する。

次に、エネルギーの問題がある。大きな脳

は維持するのに非常に高くつく。現生人類の脳は重さとしては体重のわずか2％だが、エネルギーの25％を使うのだ。それなのに、直立歩行が一因となり消化管が短くなったため、食物からエネルギーを取り出しづらくなった。もし生の食料でこの大食らいの脳を維持し続けるとしたら、1日に9時間以上も延々と食べねばならないことになる。退屈なのはもちろんだが、ほとんど無理な話だ。

この問題は調理によって解決された。エネルギーを取り出すためには食料を細かくする必要があるが、生の食料を咀嚼して消化するのは大変な作業である。だが、およそ100万年前に、人類は火を制御できるようになった。それからまもなくして、私たちの祖先のなかに先史時代のジェイミー・オリヴァー〔訳註：料理番組『裸のシェフ』で人気を集めた料理家〕が登場して、料理を作り始めたのだ。調理というプロセスにより、食材は、簡単に吸収できる糖へと分解される。調理が外付けの胃の役割を効果的に果たしたことで、私たちの短くなった消化管が、まるで仮想的に延長されたかのようになった。また、何もかもをひたすら噛む必要がなくなったので、かつての力強い顎もいらなくなった。

調理によって多くが変化した。特典として、火によって捕食者を追い払うこともできるようになった。襲われる心配が減ったので、夜に木に登らずに地面にとどまれるようになった。また、一口あたりの摂取エネルギーが増えたので、起きている時間に延々と食べ続けなくてもよくなった。つまり、他のことをする時間ができたのだ。たとえば、人付き合いに時間を使えば、労働の分担がやりやすくなり、生活も楽になる。特に、子育ての労力を分担できれば、少ない時間でより多くの子どもを育てることができる。これは進化のために好都合だ。また、植物の根を集める者、道具を作る者、エネルギーが行き渡った大きな脳を使って新しい狩りの手法を考案する者、といった具合に分業もできるようになった。

ある段階に達すると、人類は新種の派手な道具を使って狩りをし始めた。投げるタイプの武器、基本的には尖らせた石の穂先のやりを投げる。狩りができるようになったことで、大きな動物を倒して、その肉や骨髄を食料にできるようになり、脳がさらに大きくなるのに必要な栄養やエネルギーを得られるようになった。そして、いい武器を思いどおりに扱えるということは、他のヒト属の種を、それがたとえ自分より大きくて強い者であっても殺せるということだ。これにより、ある意味で力が均衡して、私たちの祖先の群れ同士がうまく付き合えるようになったのかもしれない。その結果、大きな社会集団が現れた。私たちは大きな脳のおかげで、構成メンバーの全員を把握して、それぞれが何を考えているのか、争いになったら誰の側につきそうかを推測することができたのだろう。こういった社会性は重要だ。孤立して集団を追われれば、火も、避難する場所も、食料もない状態で、草原に住むサーベルタイガーやハイエナなどの格好の餌食となってしまうからだ。集団からの排除は、ほぼ確実に死を意味していた。

大きな脳のもう1つの利点は、その処理能力の高さによって複雑な話し言葉を生み出したことにある。もちろん、言語は化石にはならないので（行動というのは厄介なもので、石化してくれない）、言語が発生した時期は状況証拠に基づいて推測するしかない。他の霊長類は喉頭に袋状の器官をもち（喉頭嚢（こうとうのう）という）、これを使って、大きくてよく響く、威嚇するような音を出すことができる。遅くとも60万年前には人間からこの器官はなくなっていたようで、それが一因となって、より明瞭な音を、つまりは言葉を発せるようになったのかもしれない。また、人間では、ＦＯＸＰ２という遺伝子に突然変異が起きていることがわかっており、これによって発話の複雑な動作制御ができるようになったらしい。この能力を手に入れたのが、だいたい55万年以上前だと考えられている。当然ながら、言葉を発する身体的な能力があるからといって、複雑な会話ができるとは限らない。焚き火を囲んで歌って絆を強める程度のことかもしれない。だが、高度な道具を作ったり、集団で狩りをしたりするためには、少なくとも簡単なコミュニケーションが必要だといわれている。このことから、言語が生まれた時期についての最も妥当な推測は、幅はあるのだが、１６０万年前から60万年前の間と考えられている。

　言語がいつどのように現れたとしても、人類の歴史にとって言語が重要であることは間違いない。言語がなければ、社会は今の形にはならなかった。言語が誕生する前は、進化と環境によって人類の運命は左右され、文化面での変化には大きな制限があった。情報はゲノムに乗って世代を超えて伝えられる。だが、言語があれば、非常に多くの知識を自分で選んで伝えることができる。こうして人間は、環境に自分たちを適応させるのではなく、自分たちに合わせて環境を変え始めた。さらに、その知識を若い世代に伝えることで、世代を超えて経験を利用できるようにもなった。それによって、人間は自然選択の圧力をほぼ受けることなく、今に至るまで残り続けている社会を作ったのだ。動物の世界では他にこのような例はない。

これが、私たちがここに至った過程だ。道具、調理、言語、そして何よりも、私たちの頭のなかにある大きな情報処理装置が役立った。だが、私たちは今後も頂点にとどまれるのだろうか。ここで次の疑問だ。**他の動物に私たちの地位を奪われることはありえるのか？**

人類が敗者となるとき

もう1つ、「ホワット・イフ」があるんだ。ティム・バートンが監督した2001年版は、彼に決まる前にいろいろな企画があって、そのときの監督候補がすごい顔ぶれなんだよ。アダム・リフキン、ピーター・ジャクソン、オリヴァー・ストーン、クリス・コロンバス、ローランド・エメリッヒ、サム・ライミ、マイケル・ベイ。もしも、彼らの誰かが監督を引き受けていたら、どうなっていただろうね。

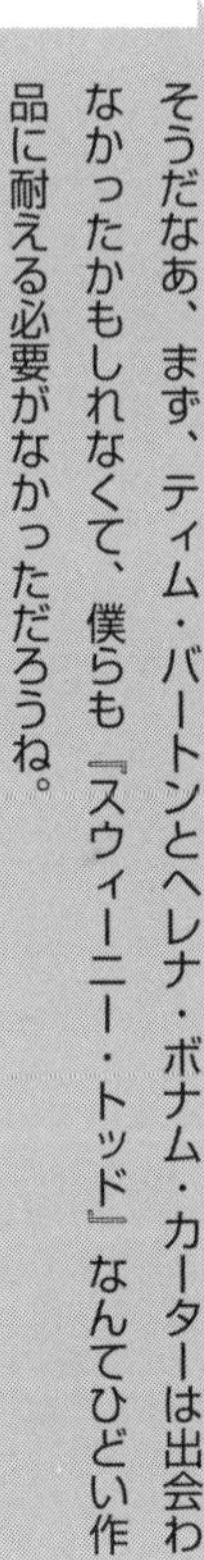

そうだなあ、まず、ティム・バートンとヘレナ・ボナム・カーターは出会わなかったかもしれなくて、僕らも『スウィーニー・トッド』なんてひどい作品に耐える必要がなかっただろうね。

どっちみち、あの2人はどこかで出会ってたんじゃないの?

それだと、彼女が「キュートなチンパンジー」の特殊メイクをした姿をバートンが見ることはなかったわけだろ。あのメイクがポイントだったんだと思うね。

ティム・バートン版『猿の惑星』の際立った特徴の1つは、類人猿のジャンプ力だ。彼らは足元の地面がトランポリンであるかのように飛び跳ねる。戦闘が起きると、チンパンジーはジャングルのなかを10メートルくらいジャンプしながら戦いの場に飛び込んでいくのだ。

実際には、チンパンジーにそこまでのジャンプ力はない。しかし、人間を除けば、類人猿の運動能力はきわめて高い。実は、動物界全体のなかで、人間はかなり惨めな生き物なのだ。特別に強いわけでも、速く走れるわけでもない。身を守る硬い殻もないし、死をもたらす鋭い爪があるわけでもない。飢えたライオンや怒ったゴリラはもちろん、ボア・コンストリクター(南米の大蛇)だったらどんな状態であっても、裸で武器をもたない人間に勝ち目はない。だからといって、こういった動物が人間を打ち負かし、絶滅させ、人間が占める生態学上の地位を奪うことなどありえるだろうか。

それは、これらの動物が私たちの知性や技術と張り合えるかどうかにかかっている。確かに、「技術」を使う能力のある動物はいるが、その技術は非常に初歩的だ。道具の使用については、チンパンジーに関する報告が多い。歯で尖らせた棒を槍として使い、ガラゴという小型のサルを狩るチンパンジーがいるそうだ。他にも、イルカのなかには、海底から餌を採る際に、海綿を装着してくちばしを保護するものがいるという。また、ニューカレドニアの「カレドニアガラス」は、葉っぱや小枝を使って、餌を採るための道具をこしらえる。

人類のもう1つの大きな強みといえば、オリジナルの『猿の惑星』でお株を奪われてはいるものの、言語である。結局のところ、人間が知識を伝え、生き延びるための重要な技術を互いに教えあい、また次の世代へと伝えることができたのは、言語のおかげなのだ。

しかし、この強みである言語の徴候もまた、多くの種で見られる。互いにコミュニケーションをとる動物は多い。クジラは歌い、ミツバチはダンスをし、イルカはどうやら互いに名前で呼びあっている（しかもその場にいない者の噂話をしている）らしい。人間から手話を学んだチンパンジーもいるし、イカは体色や模様で意思を伝えあう。ベルベットモンキーは、近づいてくる捕食者の種類によって警戒音声を使い分けている。

とはいえ、フィールドワークをする研究者のほとんどは、これらを厳密に「言語」と呼ぶことはまずない。私たちがいうところの「言語」の枠組みから外れているからだ。人間はその豊かなコミュニケーションによって、仲間や子どもたちに複雑な情報を伝えている。私たちが知る限りでは、他の動物のコミュニケーション能力は人間とは比較にならないレベルにしか達していない。人間がこれほどまでに個体数を増やし、世界中に分布して、自分たちの望むように環境を作り変えている（あるいは踏みにじっている）のは、ほぼ確実に、人間がもつ言語のためだろう。

この人間を頂点とする階層構造に変化が起きるとすれば、大規模な混乱によると考えられる。混乱が生じうる原因はさまざまに考えられるが、最も可能性の高い脅威は次のいずれかだろう。全面的な核戦争が起きるか、遺伝子操作を受けたスーパーウイルスが研究所から漏出するかだ（後者はあなたが思うよりも可能性が高い。『28日後…』の章でわかる）。

まずは1つ目の可能性から考えよう。すべての大型哺乳動物を世界から消し去ってしまうような核戦争を起こして、人間自身も絶滅したとする。さて、何が起きるだろう。この世界を支配するために進み出るのは誰なのか？

コラム

人類を滅亡させうるもの

今は頂点にいる私たちも、安閑としてはいられない。

◎太陽の膨張により地球は焼き尽くされる

タイムスケール：50億年

脅威レベル：11 ― 何もかもが消滅する

解決策：他の恒星の惑星系へとすみやかに移住する

◎世界規模の核戦争

タイムスケール：すでに差し迫った危機的状況にある

脅威レベル：8 ― 生物のなかには（おそらく人間にも）生き延びるものがいる

解決策：地下室を鉛で内張りして、地下シェルターにする

◎小惑星が地球に衝突

タイムスケール：断言はできないが、22世紀いっぱいまではたぶん大丈夫

脅威レベル：9 ― 恐竜に質問しよう

解決策：ブルース・ウィリス

◎危険なウイルスの世界的大流行

タイムスケール：いつでも起こりえる

脅威レベル：7――強い悪性の風邪ならば、何百万という死亡者が出る

解決策：隔離室に閉じこもって、他の人間との一切の接触を断つ

◎シミュレーションの終了

タイムスケール：残念ながら、いつでも起こりえる（『マトリックス』の章を参照）

脅威レベル：もし私たちがシミュレーションの世界に生きているのならば、レベル10。そうでないならば、レベル0。

解決策：シミュレーションの世界で生きているといった話はやめること。彼らを怒らせるかもしれないから。

◎人工知能に取って代わられる

タイムスケール：もしかすると、もう起きているかもしれない（『エクス・マキナ』の章を参照）

脅威レベル：6――彼らのスイッチを切ることは可能

解決策：人工知能に囲碁や古いアタリ社製ゲームをやらせて忙しくさせておく

イルカやクジラに高度な知性があることはわかっており、人間が一掃されるような出来事の後もおそらく生き延びている（また大いに増えもする）とは思うが、水中の生き物はすべて除外したいところである。くちばしに海綿をつける工夫はあっても、イルカには人間の手のような動きはとうていできない。そんなイルカが、現実的に考えて、周囲の環境を操作できるようになるだろうか。また、当然のことながら、火を制御するのにいい場所に住んでいるとはいえない。そう、火は重要なのだ。これは、脳を成長させるためのエネルギーを食料からより多く取り出せるからというだけではない。年月が過ぎて、第2の石器時代が到来したとする。そこからさらに進化して、金属製の道具やら、庭園に置くおしゃれな金属製のテーブルや椅子やらを作りたいとイルカが思っても、火を使わずには金属を精錬できないのだ。

だが、海の生き物にも有望なものが1種類いる。ひらひらと触手を動かすタコだ。タコの仲間はかなり賢くて問題解決能力があるし、驚くほど器用に物を動かすこともできる。触手を使ってビンのふたを開けたり、水中で隠れ家を作ったりできるのだ。陸地を動き回れるタコもいる。十分な時間と機会があれば、ずるずると水から這い出して、地上で火をつけるようになるかもしれない。

しかし、核戦争ではなく、人間だけに感染する特異的なウイルスによって人類が滅亡するのならば、私たちの地位を受け継ぐ可能性が一番高いのはチンパンジーだろう。チンパンジーは生存する種のなかで人間に最も近いので、その意味でも、私たちの地位を継ぐのに最も近い場所にいるということになる。とはいえ、もちろん、チンパンジーが生き延びたとしても、私たちの地位を確実に継ぐ保証はない。継いだとしても、人間のような知性をもつまで進化するかどうかはまったくわからない。進化するとしても何百万年もかかるだろう。しかも、その間に大災害が起きなければの話なのだ。火山の大爆発や、巨大な小惑星がまた地球と衝突するようなことがあれば、知性をもつ新たな種の進化が妨げられるだけではなく、その種が絶滅する可能性は高い。結局、もう一度リセットされてしまうのだ。

当然ながら、この人類絶滅後のシナリオにおいて、地球を支配する知的生命体が現れない可能性も十分にある。人間レベルの知性が進化により必ず起こることなのかどうかもわかっていないのだ。結局のところ、恐竜は1億6000万年にわたってこの惑星を支配したが、恐竜の進化的成功にとって知性が重要だったことを裏づけるものはほとんどない。

知的生命体が消えた世界は奇妙な場所になるのだろうか。そんなことはない。反対に、知性のある種が支配的であるがために、現在の世界は奇妙な場所なのだとも言える。現生人類が優勢になる前、つまり20万年以上前には、ある1つの種だけが支配的になることなどなかった。何億年もの間、場所ごとに異なる捕食者が支配的だったし、生態系も動物の種も多様で、今の人間のような、あらゆるものを支配する種などいなかったのだ。つまり、人類滅亡後のシナリオとして、地球とあらゆる生物とが安堵のため息をつきながらその頃の状態に戻るというのも、十分ありえる。

コラム

ドブネズミの台頭

リチャード・ドーキンスは、著書『祖先の物語』で、核戦争後に大型の哺乳類がすべて絶滅した世界について考察している。つまりチンパンジーもいないわけだ。では、誰が地球を支配するのだろう。それはドブネズミかもしれないとドーキンスは言う。小惑星の衝突によって恐竜は絶滅したけれども小動物が生き延びたように、体の小さいネズミは隠れる場所を見つけることができる。ネズミは、ポスト人類時代の究極の腐肉食者なのだ。

もちろん、未来の環境にあらかじめ適応している動物などいない。ネズミが適応するのにも、それはそれは長い時間がかかるだろう。しかしここで、恐ろしいほどの速度で増殖する生き物であることが優位に働く。ゲノムの時間あたりの突然変異率が高いため、環境に適応した変化がより早く現れ、それによって、突然誰もいなくなった生態系内の陣取り合戦で首位に立てるのだ。この特性と、なんでも食べる食習慣とが相まって、ネズミの数が爆発的に増えることになる。

だが、人類滅亡後のネズミの繁栄は長くは続かない。いずれは豊富だった食料も底を突き、共食いを始める羽目になる。だが、この過酷な生存競争と急速な世代交代というのも、進化にとっては非常に都合の良い組み合わせだ。何よりも、再び小さいグループに分かれることになるのがいい。ネズミはもはや狭い場所に押し込められてはおらず、グループごとに分かれて進化する。つまり、大型動物のいない状況に合わせて進化的な分岐が進むと考えられる。
そこから何が起きるだろう。たとえば、すべてのネズミが小さいままではいないかもしれない。げっ歯類は巨大化しうる形をしている。300万年前にはジョセフォアルチガシアという、体重が約1トンの怪物的な大きさのげっ歯類もいたほどだ。また、大型の動物種がいなくなった場所では、小型の種がチャンスをつかむ。大柄な草食性のネズミを、大きな牙をもつ肉食性のネズミが食べるようになるかもしれない。愉快な話だ。知能の高いネズミの種が現れる可能性だってある。げっ歯類の歴史家や科学者が現れて、ドーキンスが書いたように、「ネズミ種族の大発展を生んだ特異的で一時的な悲劇的状況を復元」しようとするかもしれない。

考察に値するシナリオがもう1つある。ホモ・サピエンスが新種へと分化するのだ。人間の進化は今も進行中である。突然変異を起こした遺伝子の移動の跡をたどると、世界中で人々の移動がかつてないほど盛んになっているために、遺伝子がこれまで以上に混ざりあっている状況がわかる。だが、私たちから新種が生まれているとは思えないのは、自然選択という圧力がかからないためだ。人間は環境に合わせて変わるのではなく、環境を自分たちに合わせて変えてきた。大きな遺伝的変化を起こさなくとも、テクノロジーの力で人類は繁栄できている「もちろん、人間は機械と融合するかもしれず、これはかなり大きな変化となる」。しかし、これまでにない非常に特殊な状況に人類が置かれることになったら?

新種が生まれる可能性がある状況として、『オデッセイ』の章で見たような、火星への移住が挙げられる。移住により非常に興味深いことが起きるかもしれない。火星への移住者は、地球に残った者からは大きく隔てられた状態になる。もちろん、火星の住環境は地球とはまったく違っているだろう。まず、重力がずっと小さいし、遺伝子の突然変異を起こす放射線をより多く浴びることになる。つまり、人間の個体群が新しい種へと分化するための条件が整っているのだ。火星は人類にとって宇宙レベルのガラパゴス諸島となるかもしれない。何千年かしたら、ヒト属の新種が母なる惑星である地球へと戻ってきて、これまでと変わらず地球上で暮らしているホモ・サピエンスと出会うことだって考えられる。この新種はおそらく住環境を求めてやってくるのだろうし、新種にとって適した環境は古い種の住環境とほぼ一致するので、地球に残った我々は打ち負かされて絶滅させられるかもしれない。

そんなことはありえないと思うのなら、ネアンデルタール人の歴史やデニソワ人の歴史を調べるといい。あるいは、かつて私たちが地球で共存していたけれども最終的に絶滅に追いやった初期の人類であればなんでも。これまでに、なぜ人間は他の動物とこれほどまでに違っているのだろうと不思議に思ったことはないだろうか。ほんの仮定にすぎないが、もしかすると、人間は最も近い親戚を殺し尽くしたのかもしれない。

人間以外の動物によって我々の地位が奪われうるシナリオがもう1つある。私たちに備わっているうわべばかりの利口さと極端な自己保存の本能のせいで、自分たちが創造した生物学的存在（あるいは『エクス・マキナ』の章で見るように非生物学的存在かもしれない）によって地位を奪われるという可能性だ。人間の病気の治療法を探している医療研究者たちは、現存するなかで私たちに最も近い親戚であるチンパンジーと、私たち人間との差を埋めることのできる新たなツールを手に入れている。この『猿の惑星：創世記（ジェネシス）』でのシナリオは、現実でも起こりえるのだろうか。これが3つ目の疑問だ。**遺伝子操作で超絶に賢いチンパンジーを作ることはできるのか？**

サルは人間と同じようになるのか？

どうして、植物に頂点の座を奪われるという話にはならないんだろう。映画のタイトルも『ブドウの惑星』とかにすべきかもしれないよね。

すごくいい疑問だね。まず、植物の光合成は素晴らしく巧妙な方法ではあるんだけど、エネルギーの生成量がかなり少ないから、脳を発達させられない。それに、植物は、軽々と動き回れるだけのエネルギーをもたないから、脅威とはならないんだ。

食虫植物はどうだい？　かなり成功している動物と同じくらいのエネルギーを得ているよ。それに、食虫植物は食べた虫から水や栄養分を摂取するから、根も必要ないよね。進化の結果、脳と移動能力を手に入れられるんじゃないかな。

つまり『リトルショップ・オブ・ホラーズ』が可能だってこと？

むしろ、『人類SOS！』を想定してたんだけど。人間の性質についていろいろな点で考えさせてくれるからね。

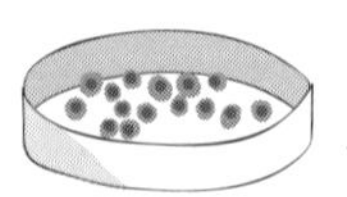

移植を必要とする人から
体細胞を採取する。
この細胞を初期化(リプログラミング)して、
どんな臓器にもなりうる幹細胞を作る。

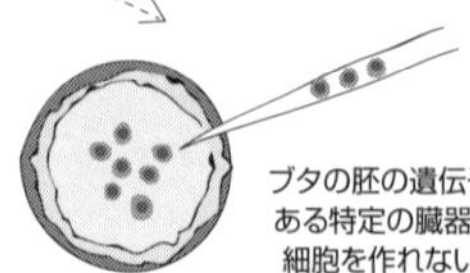

ブタの胚の遺伝子を操作して、
ある特定の臓器へと成長する
細胞を作れないようにする。
また、ヒトの幹細胞を
このブタの胚に注入する。

ブタが成長すると、ヒトの幹細胞が、
足りない臓器を補って作る。
この臓器は、人間の臓器と同等である。

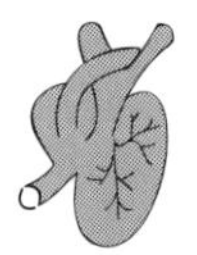

臓器をブタから摘出し、
人に移植する。

[ブタの体内で人間の臓器を作る方法]

人間以外の種が高いレベルの知性を進化させる様子を見られるとすれば、とても面白いだろう。しかし、いくつかの事情のために、私たちが自然な形でそれを目にすることはまずない。第1に、先ほど議論したように、他の種が知性を進化させるためには人類がほぼ確実に絶滅する必要がある。第2に、確かに進化は偉大なものだが、変化が現れるためには本当に長い時間がかかる。だが、進化の結果を見られるほどの時間が私たちにはない。

そこで近道が必要となる。他の動物の知能を高める最も良い方法とは、単純に、彼らの脳を人間の脳に近づけることだろう。そのための方法の1つが、人間との「キメラ」を作ることだ。つまり、ヒトの組織を、遺伝子でも細胞でも必要なものを、他の動物の体内に入れたり、体内で育てさせたりするのだ。すでに移植のために人間の臓器を他の動物の体内で育てる計画は進んでいる。たとえば、人間の心臓や肝臓をもつブタを育てるのは可能だと考えられている。だが、人間の脳を他の動物のなかで育てることは誰も計画していない（あるいは公表していない）。たくさんの倫理的な問題があるからだ。しかし、チンパンジーの脳を人間の脳に近づけるような研究であれば可能かもしれない。

チンパンジーの脳と人間の脳の違いで一番わかりやすいのは、ネットワークを組んで回路を作るニューロンの個数だ。チンパンジーが70億個で人間が860億個と、大きな差がある。よって、チンパンジーの知能を高めるための最も直接的な方法とは、完全にネットワークが張られているニューロンをどうにかしてチンパンジーの脳にごっそり追加することだろう。これを実現するには、脳の成長時期により多くのニューロンを生じるようゲノムを調整するという方法が考えられる。また、リブート版の1作目である2011年公開の『猿の惑星：創世記（ジェネシス）』のように、神経幹細胞という脳の細胞へと成長する細胞を導入する方法もある。こうすれば、チンパンジーの脳は新たな細胞を受け入れて使うようになるだろう。

『猿の惑星：創世記（ジェネシス）』で、ジェームズ・フランコは、アルツハイマー病の遺伝子治療薬の開発に携わっている。アルツハイマー病は、脳の一部のニューロンが死滅する病気であり、記憶や他の認知機能に重大な影響が現れる。この病気の症状の改善や治癒までもが期待されている方法として、実験室で新しいニューロンを育ててから疾患のある脳に導入するという治療法がある。この「細胞補充療法」は、どんな最先端技術もそうだが、テストが必要だ。しかし、危険を伴うため、テストを最初から人間に対して行うことはできない。

映画でジェームズ・フランコがチンパンジーを使ったのもそれが理由だ。私たちに最も近い親戚であるチンパンジーの脳は、人間の脳を解明するための鍵として適切であり、信頼できる結果が得られると思われる。霊長類を試験台にすることに対する倫理的議論はさておき（イギリスでは違法であるが、アメリカではチンパンジー以外の種に対しては認められている）、重要なのは、人間の遺伝物質を導入された動物はどうなるかという疑問だ。最初から人間にかなり近い動物である場合にはなおさらだ。

この重要な疑問に対しては、かなり重要な答えがいくつか得られている。FOXP2遺伝子を覚えているだろうか。人間における発話と言語の発達に関係する遺伝子だ。研究者は、マウスの胚のなかで成長している脳にこの遺伝子を組み込んだ。このマウスが成長してどうなったかというと、ある条件下で学習能力が向上したのだ。突然しゃべり始めたりはしないが、鳴き声も普通のマウスからは少し変化していた。

つまり、人間のたった1つの遺伝子が、マウスの認知能力に対して、確認できるほどはっきりとした影響を及ぼしたのだ。これは氷山の一角にすぎない。完全に絵空事のように思えるかもしれないが、遺伝子操作によってマウスは半分人間の脳をもつに至ったわけだ。この実験は興味本位ではなく、人間のさまざまな脳の疾患を研究するために行われた。これらの遺伝子操作を受けたマウスの脳のなかで、実際の思考を司る細胞であるニューロンは、古き良きマウスに由来している。しかし、ニューロン以外の、グリア細胞という、脳を支える部分のほぼすべての細胞は、ヒトに由来する。グリア細胞は、それ自身が電気信号を伝えるわけではないが、ニューロンが電気信号を伝えるための絶縁体の役割を果たしている。つまりこの脳は、本質的には、ヒトの脳細胞に支えられているマウスの脳なのだ。

これらのヒト由来のグリア細胞はマウスのグリア細胞よりもはるかに大きく、神経信号をよりよく調整できる。これはマウスに対する試験の結果からわかることだ。研究を行ったスティーヴン・ゴールドマンは、「対照群のマウスと比べると、統計的にも有意に賢くなっている」と述べている。

では、サルに対してこのような実験を行ってもよいものだろうか。特に、人間に最も近いチンパンジーに対する実験などは止めるべきではないのか？　実は、科学者たち自身の判断により、急ブレーキがかけられた。彼らは、人間の脳細胞を大量に霊長類の脳に組み込めば、人間特有の能力をもつ生き物が生まれる可能性があると考えたのだ。人間の遺伝子でマウスを強化しても人間以上の存在にならないことは、研究者たちが早々に指摘している。人間の細胞は「マウス自身の神経回路網の効率を改善した」だけだ。しかし、霊長類となると話は違ってくる。人間のＤＮＡを霊長類の胚に導入したとしたら、どんな結果になることか。私たちと同じような自我をもつ類人猿になるかもしれない。私たちのように苦しみを感じられる類人猿だ。

そんな動物に対する実験を軽々しく行わないのは当然だろう。

これは、観念的な問題ではない。現時点で類人猿の認知機能を強化しようとしている人がいるかどうかは知らないが、それを可能にする技術は存在している。そして、異常のある人間の脳の遺伝子をサルに導入することを含む実験は、今も確かに続いている。

コラム

脳のスープはいかが？

ニューロンとは、脳の実質的な処理装置である。ニューロンが多いほど、認知処理能力は高くなる。そこから、脳が大きい動物ほど賢いのではないかとの推論が当然生じる。

ざっくり言うと、その推論はだいたい正しい。だが、これはニューロンの個数の問題だ。人間の脳には1000億個のニューロンがあるという説は、長い間受け入れられていたし、よく引用もされてきた。しかし、その情報の出どころを探そうとしたスザーナ・エルクラーノ＝アウゼルは、何も見つけられなかった。まるで、数字が適当にでっちあげられたかのようだった。これまで実際に手間をかけて数えた者は誰もいなかったのだろうか？　どうやらそのようだ。怠け者の科学者たちめ。

決意を固めたエルクラーノ＝アウゼルは、ある方法を思いついた。脳の灰白質のサンプルを採取し、酸を使ってニューロンの細胞膜を溶解させて、ニューロンの細胞核が液体のなかを自由に漂う状態にしたのだ。おいしそうな脳のスープのできあがりだ。そして彼女はサンプルをよく振って細胞核の分布が均一になるようにしてから、一定体積に含まれる細胞核の個数を数えた。そうして簡単に計算した結果、人間の脳には平均で860億個のニューロンが含まれることを実際に発見したのだ。以前の見積もりよりも減ったところを見ると、私たちは思っていたよりも賢くはなかったらしい。

それでも、体の大きさに対して、人間の脳に含まれるニューロンの数は非常に多い。これは霊長類のニューロンに特別な性質があるためだ。霊長類の場合、脳が大きくなってもニューロンの大きさは変わらない。つまり、脳が大きいほど、ニューロンも多くなり、処理能力が高くなる。他の生物にはこれは当てはまらない。たとえば、げっ歯類では、脳が大きいほどニューロンも大きくなる。つまり、仮にネズミが人間と同じく1・3キログラムの脳をもっていたとしても、人間ほど賢いわけではないということだ。実際に、人間と同じ個数のニューロンをもつためには、ネズミは36キログラムの脳をもつ必要があるという計算になる。しかし、脳の重さで体がつぶれてしまうので、今の体ではとうてい無理だ。この重さの脳をもつには、恐ろしいほど巨大なネズミにならなければならない。およそ89トン、まだ若いシロナガスクジラくらいの体重が必要となる。

遺伝子組み換えのサルが初めて誕生したのは２０００年10月のことだった。アンディ

（ANDi）と名づけられたアカゲザルだ［単なるかわいい名前ではない。「ANDi」を逆に読むと「iDNA」。これは「inserted DNA（挿入されたDNA）」の略である］。アンディの未受精卵には、単純なマーカー遺伝子が挿入された。これが成功したことで、特定の疾病に関係する遺伝子を挿入できると考えられるようになった。そして、実際に可能なのだ。2008年、ある研究チームによって、命に関わる病気であるハンチントン病に対応する遺伝子がアカゲザルの卵子のDNAに挿入された。挿入が成功したかどうかを確認するために、マーカー遺伝子となる、緑色蛍光タンパク質を作るクラゲの遺伝子も挿入された。すると確かに、紫外線をあてると緑色に輝く5匹のアカゲザルの赤ちゃんが誕生したのだ。だが、1カ月以上生き延びたのは2匹だけだった。

日本では霊長類研究への反発が非常に少なく、遺伝子操作によってパーキンソン病にされた初めてのサルがすでに作られている。ゲノムのなかにパーキンソン病と関連する1つの遺伝子をもつよう遺伝子操作されたマーモセットであり、手足のふるえなど、病気の明らかな症状を示している。

科学者たちがこういった研究を正当なものだとする理由は明白で、人間の遺伝情報を「動物モデル」に組み込むことによって、命に関わる人間の疾病の治療法を見つけられる可能性があると考えるからだ。だが、人間の遺伝情報をサルに導入したり、他の動物の体内で人間の細胞を成長させたりしているのだから、私たちに最も近い種に人間の脳細胞を組み込む実験を始めるのも時間の問題ではないだろうか。いつか近いうちに、誰かが現実世界でシーザー（『猿の惑星：創世記（ジェネシス）』に登場する極度に知能の高いチンパンジー）を作るかもしれない。

ここで、教訓となる話を紹介すべきだろう。登場するのはニワトリとウズラだが、類人猿を軽く扱うことへの不安をわかってもらえるかもしれない。ハーバード大学のエヴァン・バラバンは、ウズラの胚から脳細胞を取り出し、まだ卵から孵っていないニワトリの胎児の脳に注入した。やがて孵ったヒナたちは、訓練されていない者の目には普通のニワトリのヒナのように見えた。バラバンはヒナのくちばしを発光塗料で塗ったが、これは彼が変わり者だからではもちろんなく、ヒナの頭の動きを観察するためである。ここで奇妙なことがわかった。ヒナたちは、ウズラのように頭を上下させていたのだ。しかも、鳴き声もウズラのようだったし、ときをつくる声もウズラのようだった。どこかで、どうにかして、もとのウズラの脳細胞がニワトリを支配していたのだ。

こうして問題はますます不透明になる。

（1）人間の脳細胞を動物の脳に導入する場合、人間のような個性や行動を出現させないためには、何個まで導入しても大丈夫なのか？

（2）人間の細胞をチンパンジーに十分に与えれば、人間と同じ自己認識が生じるのか？

（3）人間はそんなチンパンジーと問題なく共存できるのか？

これらの質問への答えは次のようになるだろう。

（1）わからない。

（2）たぶん生じる。
（3）たぶん無理。
つまるところ、慎重さが必要だということだ。

これでだいたいはっきりしたね。つまり、基本的な内容としては、僕らが頂点にいるのはたまたま脳が大きくなったからというだけで、この大きな脳の使い方によっては、カリスマ性のある超絶に賢いチンパンジーに人間の地位を奪われる可能性もあるってことだ。

そんなに悪いことかな。シーザーは万事心得ているみたいだし。今いる人間のリーダーたちよりも頼れそうだと思うんだけど。

人間とチンパンジーのキメラを、リーダーとして選ぶのになんの抵抗もないってこと？

サルなら、ウンコのなすりあいはしても、責任のなすりあいはしないかもね。

第5章

バック・トゥ・ザ・フューチャー

タイムトラベルは可能なのか？
タイムマシンの作り方とは？
自分自身を歴史から
消すことはできるのか？

3部作のうちで一番好きなのはどれ？

もちろん、最初のだよ。

「最初の」って、どういう意味で言ってるんだい？　年代順でいうと、『バック・トゥ・ザ・フューチャーPART3』が最初だよね。西部開拓時代の1885年が舞台だから。

いやなオタクだなあ、第1作に決まってるだろ。「魅惑の深海」ダンスパーティ、リビア人、木の上からのぞき見する情けない父親——古典的名作だよね。

ああ、あの変わり者の父親か。演じた俳優はもっと変人だけどね。映画出演後、父親役のクリスピン・グローヴァーはポルノじみたアート映画を作ってる。しかも、「クリスピン・グローヴァーのビッグ・スライドショウ」というパワーポイントのプレゼンを引っさげてワールドツアーをしているんだ。

彼のウェブサイトによると、「何年もかけて制作し豊富な挿画で彩った8冊の本から贈る、1時間のドラマチックな朗読」だそうだ。

きっと彼、独りで生活してるんだろうね。

そのとおり。

この映画を改めて紹介する必要はないだろう。このタイムトラベルの傑作が公開された1985年ははるか昔であり、第2作では「遠い未来」の日付だった2015年もすでに過去となってしまった。第1作では、マイケル・J・フォックスが演じた高校生のマーティ・マクフライは1955年の世界へと送られ、思いもかけず両親のロマンスを邪魔してしまい、自分の存在を消しそうになる。この映画を観た多くの人が、タイムトラベルにつきもののパラドックスについて結論の出ない議論を夜中まで続けたことだろう。映画では細かい仕組みは描かれていなかったのが「次元転移装置（フラックス・キャパシター）」というタイムトラベルの装置である。この装置をデロリアンに組み込むと、車からタイムマシンへと変わるのだ。発明者であるエメット・ブラウン博士（通称ドク、クリストファー・ロイドの演技が記憶に残る）によると、機能するために必要なのは、「1・21ギガワット」の電力だけだという。この章の最後では、現在わかっている物理法則を限界まで拡大解釈せずにすむような、もっともらしいメカニズムを1つ提案することとしよう。

『バック・トゥ・ザ・フューチャー』の内容はとりたてて革新的でもない。タイムトラベルはサイエンスフィクションの定番であり、ハーバート・ジョージ・ウェルズは、1895年に発表した『タイムマシン』という小説で「タイムトラベラー」というキャラクターを創造している。そこで、最初の疑問は明らかにこれだろう。**タイムトラベルは可能なのか？**

タイムマシンなしで未来へ行く方法

『バック・トゥ・ザ・フューチャー』に登場するキャラクターのうち、自分と重なるのは誰？

ドク・ブラウンだよ、当然。さわめて知的だけど誤解されている人物だ。

いや、まじめな話、どのキャラクターが自分と重なる？

言っただろ、ドクだって。

もう一度だけ訊くよ。正直に答えて。

わかったよ。ビフが自分と重なるかな。

認めると楽になるだろ？

時間とは奇妙なものだ。アインシュタイン［ドクの愛人ではなく、科学者のこと］の特殊相対性理論と一般相対性理論によってそれがわかる。『インターステラー』の章で見たように、どちらの理論も、時間がゆがめられたり、遅くなったり、加速されたりすることを示している。

ドク・ブラウンならば確実に知っていることだが、発表されたのは特殊相対性理論が先だ。アインシュタインの「奇跡の年」と呼ばれる1905年に、彼は、物理学における最も身近な概念の多くについての考え方を一変させる、途方もなく深遠な論文を立て続けに発表した。特殊相対性理論もこれに含まれる。

特殊相対性理論で核となるのは、光の速度が一定だということだ。これが何を意味するかというと、ヘッドライトをつけた車があなたの横を通り過ぎるとき、ヘッドライトの光はあなたから見て光速度 c で進むのであって、c に車の速度を足した速さではないということだ。同様に、車がバックであなたの横を通り過ぎるとき、ヘッドライトから出た光はあなたのもとへ光速度cでやってくるのであって、cから車の速度を引いた速さではない。

もしも光が一定速度であることが特に過激なことだとも思わないというのであれば、それは、その意味するところを理解できていないためだ。そもそも速度とは、単位時間あたりに進む距離である。よって、cを一定に保つということは、距離と時間のいずれか、または両方が乱されるということだ。つまり、アインシュタインの宇宙では、測定された長さや時間間隔が、運動に応じて変化しなくてはならないということになる。とんでもないことだ。

距離の混乱についていては、それほど面白くない。たとえば、リックがスーパーマンのように光速に近い速さで飛んで、マイケルのそばを通り過ぎるとする。このときにマイケルがリックの背の高さ（水平に飛んでいるので背の長さ）を測ると、リックが自分で測ったときの見事な高身長よりもはるかに短くなるのだ。リックが光速の40%程度まで速度を落としたとすると、マイケルにはリックが自分と同じくらいの身長に見える。もちろんリックはこの結果に文句をつけるだろう。リック自身が測った身長は、自分の速度に関わらず、常に堂々たる196センチなのだから。

確かに少しは奇妙だが、この見かけの物差しの問題は大したことではない。よっぽど不思議なのは、地球のそばを通り過ぎる宇宙船のなかで測った経過時間を、地球での経過時間と比べた場合である。

すべての観測者に対して宇宙の物理学が同じであるためには、宇宙船では地球に比べてゆっくりと時間が過ぎることになる。どんな方法で時間を計っても結果は同じだ。リックは地球に残り、マイケルが宇宙船に乗って光速に近い速さで宇宙に向けて発進したとする。すると、船内の時計のほうが、地球にいるリックの腕時計よりもゆっくりと進む。しかし、これは時計の針だけの問題ではない。マイケルの体の時間もリックの体の時間よりもゆっくりと進む。文字どおり、マイケルのほうがゆっくりと年をとるのだ。だが、マイケル自身はそれに気づかない。彼にとっては完全に自然なこととして感じられる。しかし、マイケルが18カ月近くかけて光速の99%の速度で移動した後に地球に戻れば、地球では10年以上が経過していることになる。

科学的正確さにこだわるならば、実際にはそれほどうまくはいかない。宇宙船の加速や減速、方向転換などを考慮しなければならないからだ。しかし、基本的な考え方はわかってもらえるだろう。時間の流れは直線的で変えられないというイメージは、時代遅れなのだ。

さて、アインシュタインの贈り物をタイムマシン作りにどう活用できるだろうか。特殊相対性理論に関する部分では、それほどたいしたことはできなくて、せいぜいで、ものすごく速く移動することくらいだ。そうすれば、一緒に移動しなかった人々が暮らす未来の世界へ、自分は若いままで到着できるだろう。宇宙船に乗ったマイケルが地球に戻ったらリックと同い年になっているというのは、いわばタイムトラベルなのだ。

コラム

あなたのお母さんが……

タイムトラベルによって物事は複雑になる。時には複雑になりすぎる。たとえば、『バック・トゥ・ザ・フューチャー』の企画にゴーサインが出るのも簡単ではなかった。スティーヴン・スピルバーグのような有名監督たちがボブ・ゲイルとロバート・ゼメキスの脚本をとても気に入ったのに、企画には何度も待ったがかかっている。ディズニー・スタジオの理由はかなり特殊だった。彼らは、母親がマーティに恋をして彼にしつこく迫るというプロットが際どすぎると考えたのだ。

だが、『バック・トゥ・ザ・フューチャー』は、これまでで最も際どいタイムトラベル映画というわけではない。その栄冠に輝くのは、間違いなく2014年に公開された『プリデスティネーション』（主演は『ガタカ』と同じイーサン・ホーク）だろう。主人公はタイムトラベルを利用して、自分自身のさまざまなバージョンを作り出す。それも、単なる複製ではない。彼は、自分自身の母であり、父であり、息子であり、娘でもあり……と続くのだ。この性別のねじれまで含んだプロットを、斬新で現代的だと感じるかもしれない。だが、この映画の原作は、実は1959年に発表されたロバート・ハインラインの短編「輪廻の蛇」である。当時、このプロットはいきすぎだと感じる人もいた。『Playboy』誌の編集者はこの短編は気持ち悪すぎるとして掲載を断ったという。

実際にこれを経験したことがあるのは宇宙飛行士だけだ。彼らは、長期間にわたって、地球上の私たちが移動するよりもはるかに高速で、地球の周りを回る軌道上を進んでいる。たとえば、国際宇宙ステーションで6カ月過ごすと、地球にいる友達と比べて0・007秒だけ時間が遅れるので、その分だけ時間を獲得して未来に時間移動しているとも言える。もしも、時速1万4000キロメートルで軌道を回るGPS衛星に乗っていられるとすれば、1日に数マイクロ秒だけ時間を獲得することになる。しかし、この形で獲得された時間は、これまでの最長記録でも0・02秒だ。これはロシア人宇宙飛行士セルゲイ・クリカレフがパーティで使う鉄板ネタである。彼こそが803日間にわたり軌道上にいた人物なのだ。だが、正直なところ、酒場で何杯分ももたせられるような話題とまでは言いがたい。

一般相対性理論を使うほうが、タイムトラベルの可能性は高くなる。一般相対性理論では、強力な重力場であるほど、時間はゆっくりと進む。地球で言うと、地球の中心から離れるほど年をとるのが早くなるということだ。たとえば、高層ビルの最上階で暮らすだけで早く年をとる。実は、単に背が高いだけでも老化は早まる。マイケルとリックが80歳まで生きるとすると、その間にマイケルのほうがおよそ1億分の5秒だけ時間を獲得することになる。

公平のために言うと、この差はリックがお肌の手入れをすれば十分に対処できる範囲だろうし、誰かを未来旅行させるとは言えないレベルだ。未来に進んだり過去に戻ったりするには、物理学者が呼ぶところの「時間的閉曲線」が必要となる。

アインシュタインの一般相対性理論が示すのは、時間と空間からなる時空を舞台として、宇宙の物語が繰り広げられているということだ。『インターステラー』で見たように、時空というこの舞台は確かに曲がりやすい。質量やエネルギーさえあればゆがむし、質量やエネルギーがある程度以上に集中すると、極度のゆがみが生じる。

空間のこうしたゆがみによって、惑星は軌道と呼ばれる曲線に沿って進む。理解するのが少し難しいのは、時間もまたゆがむため、奇妙な時間の流れのなかで物質が移動するということだ。実は、もし時間を十分にゆがめられれば、時間上の同じ時点へと何度も戻ってこられるようなループを本当に作ることができる。これが、時間的閉曲線だ。

時間がループ状に閉じたモデルを最初に数学的に導いたのは、オーストリア人数学者のクルト・ゲーデルだ。１９４９年、ゲーデルは相対論の影響についての論文を発表して、この解をアインシュタインに伝えた。アインシュタインは動揺したものの、激しい衝撃とまではいかなかったと思われる。宇宙が従うべきあらゆる物理的制約を考えれば、このモデルが実際に可能となる状況にはまずなりえないというのがアインシュタインの見解だったためだ。

ある意味で、アインシュタインが懐疑的だったのも当然だ。ゲーデルの解は、回転しているが膨張はしていない宇宙を想定している。だが、私たちが知る限りでは、この宇宙は回転しておらず膨張しているのだ。つまり、ゲーデルが導いたように時間的閉曲線が自然に生じるということは、私たちの宇宙では起こりそうにない。

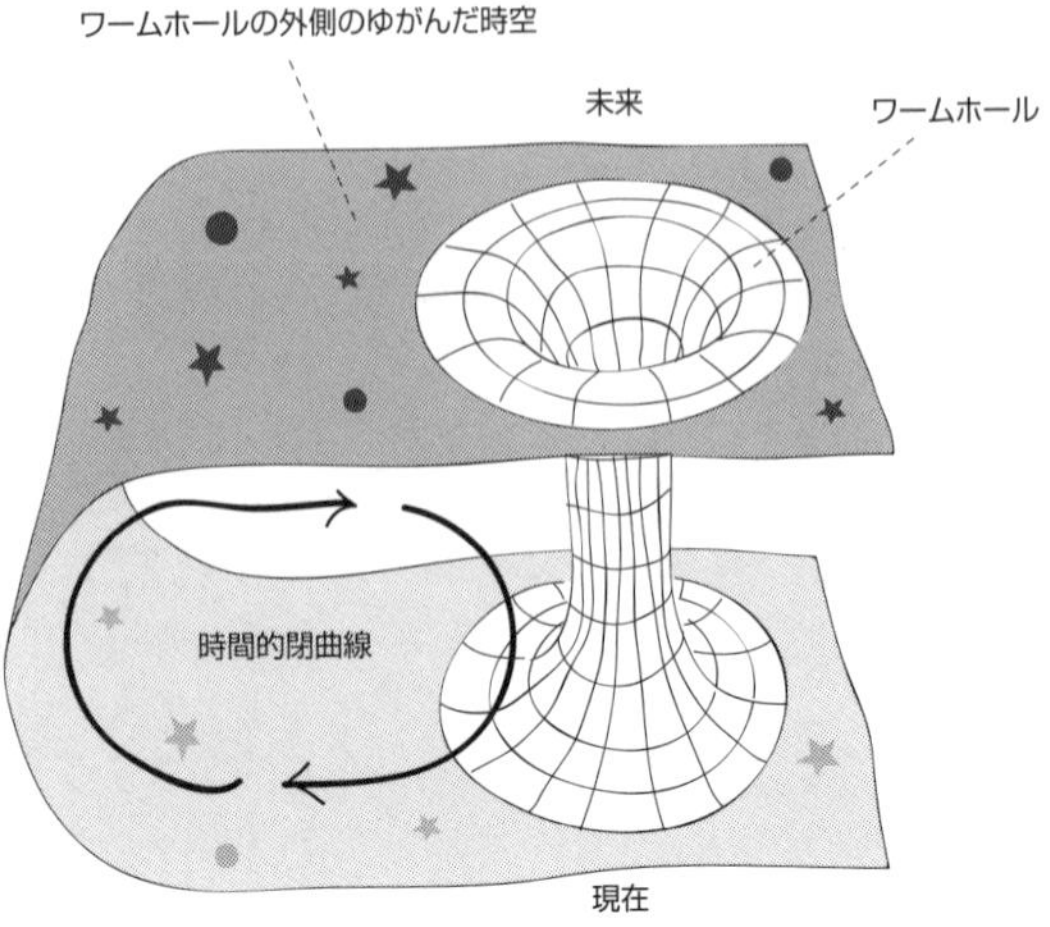

［ワームホールを使って、時間を抜けて移動する方法］

しかし、時間旅行をする可能性が消えたわけではない。理論的には、時間的閉曲線を自分自身で作り出すことが可能だ。映画に出てきた次元転移装置がなくても大丈夫。一般相対性理論によれば、時間のなかにループができるくらい極端に時空を曲げさえすればいい。もしそれができれば、ループ上を進んで、歴史上の同じ時点を何度でも訪れることができる。博士ならば誰でも、ドク・ブラウンからマイケル・ブルックス［なぜ彼の名が並ぶんだ!?］、アインシュタインに至るまで、そのようなループを作るには非常に高密度の質量やエネルギーが必要だと言うだろう。そして、このループを作りうる方法はいくつかある。なかなかいい調子だ。そう、私たちは時間旅行ができるのだ。

ここで少し立ち止まって、この楽観的な展

開に対するちょっとした注意点を示したほうがよさそうだ。これから私たちが足を踏み入れようとしているのは、タイムトラベルの物理学に関する、「はあ？　何が必要だって？」という領域だ。たとえば、「はあ？　中性子星が必要だって？」とか、「はあ？　仮想上の負のエネルギー源が必要だって？」とか、「はあ？　時空を通るのに、さっきの中性子星につながれたワームホールが必要だって？」といった具合だ。ありがたいことに、これらのアイテムはいつも品切れ状態なので、普通は特別に注文する必要がある。しかし、絶対に不可能とも言えない。ここで言っているのはそういうレベルの話なのだ。

では、あなたの期待感を適度に抑えたところで、次の疑問に進もう。**タイムマシンの作り方とは？**

タイムマシンってどんな形？

タイムトラベルでお気に入りの方法は？

ターディス（ＴＡＲＤＩＳ）［訳註：イギリスのＳＦドラマ『ドクター・フー』に出てくる時空移動装置］だね。中は外よりも大きいっていうの、大好きなんだ。

当たり前すぎて、つまらないよ。僕は『12モンキーズ』の、仕組みが説明されないタイムトラベルがいいな。ときどき誤作動するんだ。

あそこのセリフいいよね。「あのバカどもにかかったら、科学が、厳密な科学でなくなるのさ」

あの映画を見ると、初期の実験で間違って遠い過去に送られた人々が、預言者として、世の中に認められたんじゃないかとか思っちゃうよね。

そういうの、好きそうだな。

正直なところ、現在の世界で自分が十分に認められているとは思えないから

タイムトラベルに関する最大の疑問は、「タイムトラベルが可能だとしたら、未来からの大勢の訪問者たちはどこにいるのか」というものだろう。これは当然の問いであり、だからこそ２００５年5月7日木曜日の午後10時にマサチューセッツ工科大学に４００人が集まった。「タイムトラベラー会議」というイベントが、未来からの訪問者を集めるために開催されたのだ。

未来人が来るだろうという根拠は驚くほど単純だ。会議を開催して、その記録が確実に残るようにすれば、タイムマシンを利用できる未来人のなかにはその記録を見つける人もいるはずだ。そういった人たちみんなが、時間上と空間上のある一点に集合すれば、最高のイベントになるだろう。イベントの宣伝時には、タイムトラベラーに対して、未来からきた証拠となるものをもってくるよう依頼された。「エイズや癌の治療法、世界的貧困の解決策、常温核融合などは、未来からきた証拠として特に説得力がありますし、非常に喜ばれるでしょう」。会場には、『バック・トゥ・ザ・フューチャー』にちなんでデロリアンが用意された。未来からきた人々もこの映画を観て気に入っているかもしれないし、もしかすると映画にインスパイアされた誰かがタイムマシンの発明に取り組んで成功した可能性だってある。

では、イベント参加者はどんなタイムマシンで来そうなのか。長年にわたるアイデアがいくつかある。映画の精神に従って、これらのアイデアを年代順に見ていこう。

タイムマシン構築のための最初の提案はシンプルで、1本の非常に長い円筒だった。これなら、それほど難しくなさそうに思える。だが、残念ながら、この装置の発案者が要求する「非常に長い円筒」の長さは、本当に非常に長いのだ。正確な長さを知りたい？　しかたない、訊かれたから答えよう。「無限」の長さである。確かに、少しばかり難しそうだ。

1974年、アメリカの物理学者フランク・ティプラーはアインシュタインの方程式を数学的に解析して、尋常でなく重くて無限の長さをもつ円筒が尋常でなく速く回転すると、時間的閉曲線ができるほどに空間と時間がゆがむということを示した。言うまでもないが、本気でこのプロジェクトを実行しようとした者はいない。

その次に現れたのは、その名もJ・リチャード・ゴット3世という人物のアイデアだ。物理学者であるゴットのアイデアは、はるかに現実的だった。それでもまだ実現不可能なのだが。ゴットのアイデアには、宇宙ひもという仮想上の物質が含まれる。宇宙ひもとは、超高密度のひも状の物質であり、その直径は原子核の幅よりも小さい。宇宙ひもがこの宇宙のどこかに存在する可能性があると考える宇宙学者もいるが、あるとすれば、ビッグバンによって宇宙が誕生した劇的かつ衝撃的なプロセスの結果としてできたのだろう。

コラム　タイムマシンの組み立て方

タイムマシンの動作の仕組みを説明するのは困難であることが知られている。たぶんそのために、映画では組み立て方がほとんど描かれないのだろう。すでに述べたように、ドク・ブラウンの次元転移装置はタイムトラベルを可能にするために1・21ギガワットの電力を必要とする。ドクター・フーのターディス（時空移動装置）のことはもう少しわかっている。ターディスはタイプ40と呼ばれる装置で、時間と空間を超えた移動が可能だ。惑星ギャリフレイから持ち出されたもので、ブラックホールの特異点、水銀、希少鉱石ザイトン7、トラコイド・タイムクリスタル、アートロン・エネルギーを動力源とする。H・G・ウェルズのタイムマシンはもう少しスチームパンク風だ。その製作者は「物理光学」の専門家であり、「何やら金属光沢を放つ骨組みの、小型の時計ほどの精密機械」を作った。この機械には「象牙の部分と、水晶に違いない透明な部分」があり、水晶のロッドと、ハンドルが白い2つのレバーがついている。それほど長々とした描写ではないが、『ビルとテッドの大冒険』に登場する電話ボックス型のタイムマシンの仕組みに比べれば、ずっと詳しく説明されている。最後は、『ハリー・ポッターとアズカバンの囚人』で描かれるハーマイオニー・グレンジャーの逆転時計（タイムターナー）だ。ここでようやく、装置の仕組みが完全に説明される。魔法で動くのだ。時間逆転呪文という特別な魔法が使われている。

宇宙ひもはある種の自然なタイムマシンを作り出す。宇宙ひもとは超高密度の時空の欠損であり、2つの平行に並んだ宇宙ひもが急速に遠ざかる場合に、タイムループが作られる。あとは、このループに沿って時間上の同じ時点を訪れるだけだ。言うまでもないが、ほんのわずかでも宇宙ひもを確認したことのある者はいないので、この方法も確実な見込みがあるようには思えない。さて、ワームホールを紹介するときがきたようだ。

この美しいアイデアはキップ・ソーンによるものだ（そう、『インターステラー』の章に登場した人物だ）。カール・セーガンのＳＦ小説『コンタクト』（知的な異星人から人類にメッセージが送られてくる話）のためにソーンが思いついたのが、ワームホールを使ってタイムトラベルをするという方法である。ワームホールは、本質的には宇宙の広大な広がりを越えて素早く移動する方法だ。同作では、この方法を使って異星人が作ったプロジェクト地まで銀河を超えて訪れて、彼らについて学ぶことになる。究極の修学旅行だ。

ソーンのアイデアの仕組みは次のようなものだ。まず、アインシュタイン＝ローゼンブリッジと呼ばれる、時空を抜ける自然のトンネルを見つける。疑いの心は抑えるように。これらは実在する可能性があるのだから。１９３５年にアインシュタインと仲間のネイサン・ローゼンによって最初に提案されたアイデアは、２つのブラックホールの中心同士が連結している可能性があるというものだった。結局のところ、空間と時間はブラックホールの中心（「特異点」として知られる）でつぶれている。すべての特異点が連結していて、時空の異なる領域への通路になっていないとも言い切れないではないか。

相互に連結しているブラックホールを2つだけ切り離すことができれば、空間や時間を超えた2つの領域をつなぐ「ワームホール」が手に入る。もちろん、あなたがいる場所で始点となるブラックホールを見つけて、あなたが行きたい場所に終点となるブラックホールを見つけられるかどうかはまた別の問題だが、ここではタイムマシンとなるための条件に絞って説明しよう。アイデアの1つは、ワームホールを（どうにかして）中性子星につなぐという方法だ。中性子星は、時間を遅くするような、非常に強大な重力場をもっている。ワームホールの遠いほうの開口部を中性子星の十分に近くに寄せてから、中性子星の重力場によってワームホールの両端の時間差を広げさせる。差が十分に開いたら、片方の端から入って、完全に異なる時間帯にあるもう一方の端から出てくれればよい。

だが、実際にはそれほど単純ではない。空間とはゴムのようなもので、伸ばされると反発が生じ、限界点に近づくほどその反発が強くなる。よって、ワームホールができるほど強く引き伸ばした場合、問題のワームホールを開いた状態に保つためには、その反発と戦わねばならない。そのためには物理学者が言うところの「負のエネルギー」が必要となるが、そんなエネルギーがこの宇宙に実際に存在するかどうかは、誰にもわかっていない。

この点を除けば、ワームホールはかなり有望だと言えそうな説ではある。さて、このあたりで、すべてのタイムトラベル理論が、無限の長さをもつ回転する円筒だとか、なんだかよくわからない仮想的な宇宙ひもといった、宇宙の外側やおかしげな仮説を前提としたものだけではないということを示しておこう。ロナルド・マレットのアイデアでは、使われるのはレーザーだ。タイムトラベルに関する他の試みは、宇宙的な規模で質量を伴う時空間を曲げるというものばかりだが、マレットは地球の実験室でタイムマシンを作ろうとしている。さらにマレットは、ちゃんと機能するタイムマシンが今世紀中にできるだろうとまで言っているのだ。

ロナルド・マレットがタイムトラベルの実現を決意したのは、父親が心臓発作で亡くなったときのことだった。生活習慣を変えていれば防ぐことのできた死だった。10歳のロナルド少年は考えた。もし自分が過去に戻れれば、お父さんに気をつけるように言えるのに。そして、ロナルド少年はH・G・ウェルズの『タイムマシン』を読んで、物理のクラスで必死に勉強するようになった。今では彼はコネチカット大学の一般相対性理論の教授である。モチベーションの力というのはすごいものだ。

マレットは、タイムトラベルを実現することにこだわっているので、実現不可能なアイデアで時間を浪費しようとはしない。現在は、非常に強い光の輪を作り、そのエネルギーによって周りの空間と時間を円形に変形させるという試みに取り組んでいる。言い換えると、レーザー光線の経路の内部に時間的閉曲線を作るのだ。今の設計ではこのタイムマシンに人が乗ることはできないが、マレットによると、メッセージを組み込んだ素粒子を過去に送ることはできるはずだという。現在70歳代のマレットは、この装置を組み立てるための資金集めを行っている。

ハリウッドで彼の人生の映画化が真剣に検討されているので、近々まとまったお金が手に入るかもしれない。

MITのタイムトラベラー会議がどうなったのか伝えるのを忘れていた。言わなくても想像はつくだろうが、未来のものだという証拠をもって本当にやってきた人は誰もいなかった。開催前にティナ・フェイが『サタデー・ナイト・ライブ』で指摘したように、もしもイベントが不発に終わるのなら、未来の人々はそれを知っているはずなのだ。不発ということは面白くなかったということなのだから、わざわざ行こうと思うはずがない。だが、待てよ、これは堂々巡りではないのか？　イベントが面白くなかったとしたら、それは誰も行こうと思わなかったからで――それはイベントが面白くなかったからで――それは誰も行こうと……、あれれ？　こういった頭が混乱するような原因探しから、3番目の疑問が生まれる。タイムトラベルからは、あらゆる種類の難しいジレンマと、混乱するようなパラドックスが生じる。マイケル・J・フォックスの姿が家族写真からほとんど消えるのも同じ理由だ。彼が過去に干渉することで、彼の存在を示していたあらゆる記録がゆっくりと消えてゆく。これは本当に起こることなのか。**自分自身を歴史から消すことはできるのか？**

タイムトラベルで自分を殺せるか？

タイムマシンをもっているとしよう。どこへ行きたい？

祖父を殺しに行くよ。できるはずのないことだから、殺せないということを証明したいんだよね。

未来を見に行きたいとかないの？　実際のところ、残りの人生そう長くはないわけだし。

いや、本気で、祖父を殺しに行こうかと思ってるんだけど。

そうしたら、この本は存在しないことになるよ。

そうは言い切れないさ。

『バック・トゥ・ザ・フューチャー』で最も象徴的な場面の1つが、「魅惑の深海」ダンスパーティでマーティがチャック・ベリーの曲「ジョニー・B・グッド」を演奏するところだ。マーティは、もし誰かに訊かれれば、チャック・ベリーが作った曲だと言っただろう。しかし映画では、チャック・ベリーはまだこの曲を作っておらず、マーティの演奏を従兄弟のマーヴィンが掲げた受話器越しに聴いているのだ。では、曲を書いたのは誰なのか？　ここでは、物理学すべてのなかで最も魅力的で脳みそが溶けそうになるいくつかのパラドックスについて、じっくりと考えることにしよう。

「私自身はいつかタイムトラベルができるようになると信じているよ。物理学の包括的な諸法則によって禁じられているものでなければ、たいていの問題で、技術的な実現方法が最終的に見つかっているからね」。これは頭のおかしい老人のたわ言ではない。世界で最も優れた頭脳をもつ1人であるデイヴィッド・ドイッチュの言葉だ。ドイッチュは量子物理学者であり、量子コンピュータの最初の青写真を描いた人物である。その彼が、物理学の法則で禁じられていないのだからタイムトラベルは可能だと言うのならば、映画に登場した次元転移装置もいずれできると考えてよさそうだ。

しかし、である。

「時間的閉曲線の出現を防ぐような時間順序保護局があって、宇宙を歴史学者にとって混乱のない場所にしているかのように思われる」。スティーヴン・ホーキングは1992年に発表した学術論文にそう書いた。非公式には、ホーキングはこれを「時間警察（タイムコップ）」［1994年のジャン＝クロード・ヴァン・ダム主演映画『タイムコップ』とはなんの関係もない。ちなみに映画のレビューで私たちが一番気に入っているのは、「この映画だけはヴァン・ダムのアクセントのほうがプロットよりもわかりやすかった」］と呼んでいる。時間警察は、たとえばワームホールの入り口を開いた状態に保つための負のエネルギーの必要性など、さまざまな形で現れる。それにより、私たちが過去に移動して、実証されている歴史的出来事を変えることが絶対にできないようになっているのだ。

さて、誰を信じるべきか。ドイッチュか、ホーキングか？　この手の問題を考える際に、いつも紹介される古典的なタイムトラベルのシナリオがある。祖父のパラドックス（親殺しのパラドックスとも言われる）だ。きわめて単純な話である。あなたが過去へと遡るとしよう。おじいさんがおばあさんとイチャイチャする前におじいさんを見つける（気まずく感じたら申し訳ないが、2人だって若かったのだ）。見つけたら、殺してしまう。そうすると、あなたの母親か父親が生まれなくなるので、あなたは存在しなくなるから、彼を殺しには戻れない。

『バック・トゥ・ザ・フューチャー』では、このパラドックスがうまく使われている。まだ女

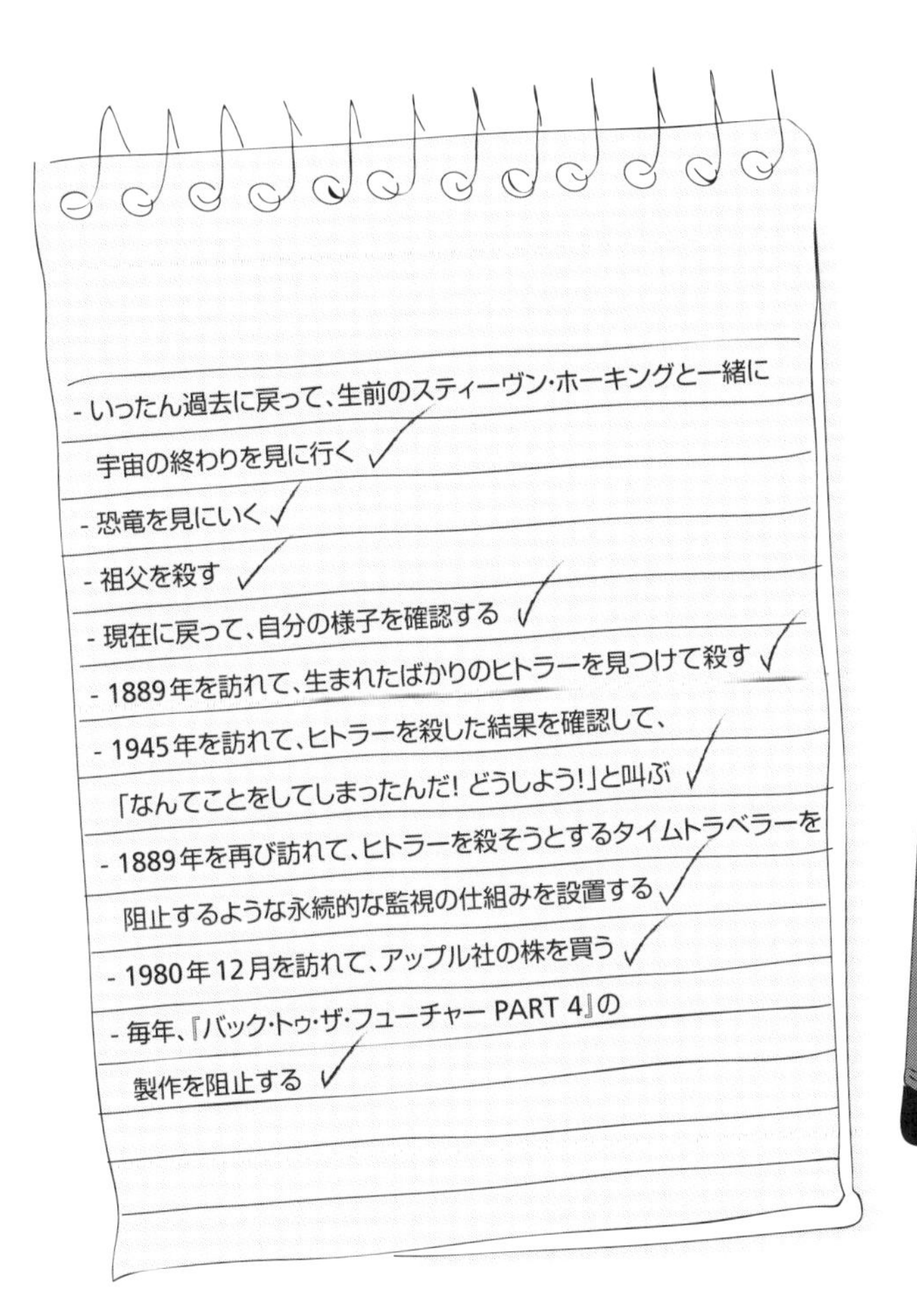

［タイムトラベラーの「やること」リスト］

子高生だった母親のロレインは、過去にやってきたマーティと出会って、彼に激しい恋をする。マーティは、この新たな難題を解決して、学校のダンスパーティで、未来の父親である哀れなジョージをロレインとくっつけなければならない。その見込みが小さくなるほど、マーティが未来から都合よくもってきていた写真から自分と兄と姉の姿が薄れていく。これぞ祖父のパラドックスであり、見事に映像化されている。そして、なんだかよくわからない化学変化によって写真のなかの姿が薄くなったり濃くなったりするが、そんなところに難癖をつけるのはやめておこう。

スティーヴン・ホーキングなら、この演出にもドキドキしなかったに違いない。どうやっても歴史を変えられるはずがないと信じているからだ。あなたはおじいさんを殺さなかった。なぜなら、あなたが存在しているのだから。たとえあなたがおじいさんを殺しに過去に戻っても、なんらかの事件が起きて、殺人は防がれるのだ。タイムマシンが誤作動するのかもしれない。銃が詰まるのかもしれない。大事な瞬間に足をすべらせるのかもしれない。殺した男にあなたと血のつながりがなかったことが判明するかもしれない……。わかってもらえただろうか。これが「時間順序保護」である。あなたがどうあがいても、宇宙によって失敗させられるのだ。

もちろん、最も簡単な時間順序保護の方法とは、そもそも過去に遡ることができないようにすることだ。物理法則に従う限り、機能するタイムマシンは誰にも作れないというのが、祖父のパラドックスを回避するためのホーキングの主な考え方である。タイムマシンを完成させる可能性のあるどの方法にも、不可能と思われる物理が含まれているのはそのためだとホーキングは言う。だが、たとえば、ある物質が同時に2つの状態にあるなど、不可能としか思われないことが常に起こっている物理学の分野がある。量子物理学だ。もしかすると、私たちに必要なのは量子タイムマシンなのだろうか？

無限の長さをもつの円柱を回転させたり、中性子星につないだワームホールに入ったりするのは、一般相対性理論で記述される宇宙において時間のループを作りたいからだ。しかし、相対性理論よりももっと基本的な理論がある。量子力学だ。『インターステラー』の章でも触れたが、量子力学で記述されるのは、世界で最も小さいものであり、光子で作られる現実や、私たちの存在を構成する素粒子である。そこにはまったく異なる世界の法則があり、ホーキングの時間警察にとっても管轄外の場所だろう。

ホーキングの主張を突きつめれば、結局のところ時間は一方向にしか流れないらしいということになる。つまり、原因は常に結果に先立つ。あることを起こしうる誰か、または何かが先になければ、そのあることは起こりえないのだ。

だが、実のところ、量子物理学ではこの順序が守られる保証はない。「量子もつれ（エンタングルメント）」と呼ばれる量子現象は、因果関係をからかっているかのようだ。量子もつれが存在する可能性が最初に示唆されたのは1930年代だったが、アインシュタインはこれが実際に起きるとすればあまりに「不気味」だとして却下した。だが、その後の実験によって、アインシュタインが間違っていたことがわかった。量子もつれは実際に生じる現象であり、確かに不気味なのだ。これは、空間と時間の性質についてまだ完全には解明されていないことを示唆している。

量子もつれについて簡単に説明しよう。光子を2つ用意する。それらを「もつれ」させる方法はいくつかある。たとえば、「複屈折性」結晶と呼ばれる物質を用いると、その原子的な構造によって、1つの光子を、密接に関係して量子もつれの性質をもつ2つの光子へと分けることができる。また、非常に精緻に制御した方法で2つの光子に刺激を与えることで、量子もつれを生じさせるという方法もある。

これは何を意味しているのだろうか。量子物理学のなかでも特に奇妙だが完全に受け入れられている現象として、量子もつれの状態にある2つの粒子が性質の一部を共有するということがある。この性質で昔から知られているのが「スピン」だ。たとえば、このように考えることができる。量子もつれを起こす前には、片方の粒子のスピンは時計回りで、もう片方の粒子のスピンは反時計回りだとする。これらが量子もつれを起こすと、お互いのスピンの性質をいくらかもつことになる。その状態は、正確にはわからない。というのは、誰かが測定するまでは、スピンの状態は確定しないからだ。だが、片方のスピンの状態を測定すると、その結果が、もう片方のスピンの測定結果に影響を及ぼしていることがわかる。

ここまでは順調だろう。しかし、ここで本当に奇妙なことが起きる。最初の測定が終わったその瞬間に、2番目の粒子のスピンを予想できるのだ。最初の測定による情報が2つ目の粒子に届いて、そのスピンの状態を決めなくてはならないわけだが、2つの粒子が非常に遠く離れていて、情報が光よりも速く移動しないといけないとしても、それが起きてしまう(物理法則から不可能なのだが)。

コラム

恐竜はメニューにありません

ここに予期せぬ障害が現れる。論理学の法則によると、最初のタイムマシンが作られた時点よりも前の時間には戻ることはできないというのだ。その理由は単純で、時空にできた最初の裂け目よりも前には、時空に裂け目はない。つまり、侵入できるような入り口がないのだ。よって、過去に遡って恐竜狩りをしたり、ネアンデルタール人と結婚したり、タイタニック号の乗客に「船長は絶対に沈まないと言うけれど、そうとは限りませんよ」と警告したりはできない。残念なことではあるが、いい面もある。スティーヴン・ホーキングがなにもかも正しいわけではないことがわかるからだ。ホーキングはかつて、タイムトラベルが不可能に違いないと考えるだけの十分な理由として、誰もタイムトラベラーに会ったことがないことを挙げた。だが、誰かがタイムマシンを発明するまでは、タイムトラベラーはやってこられないのだ。だから、未来からの訪問者がいなくてもなんの不思議もない。
　もっと良いニュースもある。現在進行中のある種の物理実験によってタイムトラベルが可能となり、未来からの旅行者が大挙してやってくる歴史的瞬間に近づいているかもしれないのだ。2008年、2人のロシア人数学者が、ジュネーブにある欧州合同原子核研究機関（CERN）の大型ハドロン衝突型加速器（LHC）が世界初のタイムマシンとなる可能性があると指摘した。LHCが小型ブラックホールを作るだけのエネルギーを生む可能性があるためだ。微小粒子を超高速で衝突させるので、その際の一点に集中したエネルギーによって、タイムトラベラーが殺到するようなタイムトンネルの入り口ができるほどに空間と時間が曲げられるかもしれない。これまでのところ、スイスに小型ブラックホールはできていないが、可能性としては残っている。もしあなたがジュネーブに行ったときに未来から到着したらしい人々の大群を見かけたら（そして、それが日本から来た、ただのツアー客でなければ）、ぜひ挨拶をしてほしい。だが同時に、十分に気をつけるべきだ。もしかすると、彼らは自分の祖父母を殺しに過去へ戻ってきたのかもしれないし、あなたがその標的かもしれないのだ。

こういった実験をしている物理学者は、繰り返し混乱することになる。量子もつれの背後にはなんらかのメカニズムがあるが（物理学者はこれを測定結果の「相関」と呼ぶ）、それが、情報が時間と空間を伝わることについての私たちの理解とそぐわないのだ。空間的な距離のことだけではない。空間だけでなく時間を通して、もつれを作ったり操作したりすることが可能であると、実験によって示されている。

いずれも信じられないような結果だが、このことから何がわかるだろうか。この分野で最も著名な研究者の1人であるニコラス・ギシンは次のように言っている。「この相関がどのようにして起こるのか、空間と時間の内側からはわからない。時空の外側に現実的な何かが存在しているはずだ」

時空の外側に現実的なものが存在しているということは、この宇宙が、これですべてではないということだ。つまり、奇妙な量子の世界で、タイムトラベルにつながる抜け穴が見つかるのかもしれない。

この抜け穴について、デイヴィッド・ドイッチュならば、多世界解釈と関係があると言うだろう。多世界解釈が扱っているのは、光子などの量子的な粒子は、その存在が単一的ではないため、同時に2カ所にいることができるという考え方だ。ある光子がここにあるという世界もあれば、同じ光子が別の場所にあるという世界もある。たとえば、量子的な1つの粒子が2つの離れた開口部を同時に通るという有名な二重スリットの実験があるが、それ以上に奇妙な結果が得られる量子実験がいくつもあり、これらの結果には、複数の世界のある種の「干渉」が現れているというのだ。

少なくとも、ドイッチュの見方ではそうである。このような実験にはさまざまな異なる解釈があり、ここですべての解釈を取り上げることはしない。しかし、現在支持を増やしつつある多世界解釈によると、私たちは、そうしたいくつもの世界を行き来する存在なのだという。つまり、タイムトラベルから哲学的な問題は生じない。私たちは実際に他の宇宙に移動するだけでなく、他の時間にも移動しているので、過去にタイムトラベルしたとしても自己の存在を危うくする恐れはないのだ。

ドイッチュによれば、マイケルが量子的タイムマシンで過去に行って祖父を殺したとしても、彼が「多元的宇宙（マルチバース）」の分岐した別の宇宙に入っただけで、そこは彼が実際に生まれた宇宙ではない。よって、マイケルが誰を殺そうとも、それは彼の両親の親ではない。その時点で、彼の本当の先祖は、分岐してできたその宇宙にはいないのだ。

こうした理論はいずれも詳細まで解明されたわけではない。本当に首尾一貫したタイムトラベルの量子論は存在していないのだ。この答えに満足できないのはわかっている。だが、量子的タイムトラベルからは、どうやら、答えよりも多くの疑問が生まれている。たとえば、あなたの意識的な自己が、たくさんある世界のなかの新しい1つの世界にまぎれこんだとしたら、元の宇宙のあなたには何が起きるのだろう。誰にもわからない。しかし、もしかすると、写真に写ったあなたの姿が薄れていくのかもしれない。そして、映画に登場した次元転移装置には、ロナルド・マレットの仕事とデイヴィッド・ドイッチュのアイデアを組み合わせたような、ある種の量子レーザー技術が備わっているのかもしれない。もしかして、誰かがすでにその方法を見つけていて、過去に戻って、その情報を……。いや、待てよ、これじゃあ、また辻褄が合わなくなるぞ……。

H・G・ウェルズが従姉妹と結婚してたって知ってるかい？　もし彼がタイムマシンで過去に遡っておじいさんを殺したら、パラドックスのおまけで、同時に奥さんのおじいさんまで殺すことになっちゃうね。

そうなったら、2人の子どもは確実に家族写真から消えるだろうね。まあ、それより先に遺伝学的に消えてるかもしれないけど。

2人に子どもはいなかったんだ。H・G・ウェルズは彼女と離婚して、自分の教え子と結婚したんだけど、その後は女性遍歴がすごかった。「セックスは新鮮な空気と同じくらい必要なものだ」とか「私のあらゆる性的衝動が、私自身を表現している」とかいうウェルズの言葉が残ってるくらいだ。

なんだかイメージが狂ったよ。まあ、先に進もう。この章で学んだことはというと、タイムトラベルは可能だけど、タイムマシンを作るのは……。

難しい？

難しいっぽいというか……。近くの金物屋の棚に、無限に長い円筒の在庫があればできるだろうけどね。

「ああ、ありますとも、このパラドックス解決法のすぐ隣ですよ」なんてね。

それと、自分を歴史から消すことは本当にできるけれど、消しても問題にならない並行宇宙でしかできないと。

テレビ業界での君のキャリアも、並行宇宙でなら生き返るかもね。

第6章

28日後…

私たちはウイルスを恐れるべきか？
どうすれば感染から身を守れるのか？
ウイルスによって人間は
ゾンビに変わりうるのか？

誰もいないロンドンを見るのは不思議な感じだったよ。撮影が大変だっただろうね。

そのとおり。監督のダニー・ボイルは、大勢の美女を雇って、運転手たちに道路を通らないようお願いさせたんだって。あと、警察が高速道路のＭ１を2時間も通行止めにしたのに、映画に使える映像はたった1分間しか撮れなかった。

『28日後…』のなかで一番リアリティのない場面だったね。誰もいない高速道路？　ありえないよ。

でも、みんな死んでるかゾンビになってるかなんだよ？

それでも道路工事は絶対にあると思うね。存在の基本法則か何かだよ。世界の終わりがゾンビだらけであってもなくても、Ｍ１では道路工事をやってるに決まってるよ。

ゾンビ映画が大好きな人もいれば、大嫌いな人もいるだろう。いずれにせよ、この映画はひとあじ違う。リアリティが（それなりに）あり、無人のロンドン市街や赤い目の恐ろしい怪物とともに、確実にこのジャンルを象徴する作品となった。だが、科学礼賛の映画とは言えない。人をゾンビのような状態に変えるのは、RAGE（凶暴性、レイジ）と呼ばれる人工的に作られたウイルスだ。科学者たちは、攻撃衝動の抑制剤を開発するためにチンパンジーをウイルスに感染させて、テレビ画面で暴力的な映像を見せている。当然ながら、動物愛護家がそれを気に入るはずもなく、チンパンジーを助け出すために3人の活動家が施設に侵入（セキュリティの甘さが気になるが）。残念ながら、活動家の1人がチンパンジーに咬まれてゾンビ化する。そして、その後は……。

ウイルスを真の怪物だとする映画は、『28日後…』だけではない。『コンテイジョン』、『12モンキーズ』、『アイ・アム・レジェンド』、『ワールド・ウォーZ』、『アウトブレイク』など、他にもたくさんある。私たちにはウイルスの蔓延に対する恐怖心が確かにあり、ダニー・ボイルはその部分を映画で掘り下げようとした。そこで、素直にこの疑問から始めよう。この恐怖心はもっともなものだろうか。**私たちはウイルスを恐れるべきなのか？**

ウイルスの中身はどうなっているのか？

最初、主人公役のキリアン・マーフィにいらいらしたよ。ぼんやりしてて、どんなに危ない状況なのかをなかなか理解しないからさ。

ゾンビ映画を一度も見たことがない人みたいだよね。

まあ、ほとんどのゾンビ映画を見てる僕でも、生き残るためにどうすべきかはわからないけどね。

僕なんか、咬まれたほうがマシかなと思っちゃうんだけど。ほら、さっさとすませるというか。

それで、ゾンビ仲間と楽しくやるって？

そのとおり。友達の数がこれまでで一番多くなるよ。

　ウイルスの正体やその挙動についての説明から始めるのがよさそうだ。まず、ウイルスとは生物学上の生き物であって……。おっと！　早くも科学的な説明ではなくなってしまった。実は、ウイルスが生物的存在か化学的存在かについて同意は得られていない。言い換えると、ウイルスが生物なのか非生物なのかわかっていないのだ。そんなバカなと思うかもしれないが、生命を定義するための曖昧な基準がいくつかあって、ウイルスはそのすべてを満たすわけではない。確かにウイルスは自分自身を複製するが、それには他の生物の助けが不可欠だ。つまり、自然環境を動き回ってウイルスとして独力でやっていけるような、自律的な存在ではない。ウイルスというのは、他の生物への寄生がすべてなのだ。進化の歴史を振り返れば、昔は依存せず暮らせる生物だったのに、どういうわけか自力で生きる能力を失ったのかもしれない。現在では、私たち人間のような他の生き物を必要としている。

さて、最初からやり直そう。ウイルスの基本的な構造はかなりシンプルだ。まず、少しのDNA分子か、その姉妹的存在であるRNA分子をもつ（これらは『ガタカ』の章で再登場する）。これらの分子には、自分自身を複製するための指示書が含まれている。ウイルスが自分の複製を作るには、他の生体細胞の内側にある生化学的な機構が必要となるのだが、生体細胞に侵入するのは簡単ではない。生物には防御機構があって、外来のDNAを切断する酵素などが待ち構えているからだ。そこで、ウイルスは、指示書（DNAやRNA）を包み込むカプシドという殻も用意している。無害なタンパク質で作られた保護層だ。ウイルスによっては、カプシドの外側に、エンベロープという膜状の構造をもつこともある。このエンベロープは前の宿主から盗んだ細胞膜などの物質を使って作られる。このような構造のおかげで、細胞内にこっそり侵入できるのだ。

ウイルスの構造はこれでほぼすべて。これほどのミニマリストでいられるのは、目的が自己複製しかないためだ。ウイルスは宿主に害を及ぼすとしても、意図的にやっているわけではない。そもそも、宿主を破壊するウイルスはお粗末な部類なのだ。自分を生かしてくれて資源も与えてくれる宿主を破壊する理由などないではないか。

ウイルスが必ずしも冷酷で敵意に満ちた殺し屋ではないことを裏づけるのが、実は人間の遺伝物質の約8％をウイルスの遺伝物質が占めているという発見だ。明らかに、私たちの祖先がウイルスに感染し、ウイルスは遺伝子の一部を人間の遺伝子に挿入したのだ。その後、人間が繁殖するたびに、感染とは異なる形でウイルス由来の遺伝子も複製されるようになった。人間のすべてのDNAを慎重に分析すれば、私たちの半分はウイルスでできていることがわかるかもしれないとする研究者もいる。

これは別に悪いことではなく、有益な面もある。第一に、進化の歴史のなかでウイルスによって変化したおかげで、その生物が新たな環境に適応できるようになったのはほぼ確実だ。また、「遺伝子の水平伝播」といって、生物はDNAの一部を他の個体や他の生物と交換することによっても進化するのだが、ウイルスはこの水平伝播の媒介者でもある。つまり、ウイルスは生命の物語の一部なのだ。人間の場合、成長中の胎児の遺伝子に含まれるウイルス由来のDNAによって、母体の血液内のある種の感染源から胎児が守られることがわかっている。また、ウイルスの祖先に由来する遺伝子が人間の幹細胞の一部をコントロールして、遺伝的スイッチを切り替えて特定の組織を作らせてもいる。

最近、このウイルスと宿主の間の共生と支え合いには、とても長い歴史があることがわかってきた。たとえば、ミミウイルスという病原体に含まれる7つの遺伝子は、あらゆる生命体がもっている。地球のあらゆる生物には、共通する遺伝子、つまり「普遍的なコア遺伝子」がおよそ60種類見つかっており、これらの7つの遺伝子はそれに含まれるのだ。

ウイルスも「私たちの一部」にすぎないと説明してきたが、ウイルスが時には問題を起こすことも認めねばならない。なんだかんだ言っても、風邪をひいたことがあれば（確実にあるだ

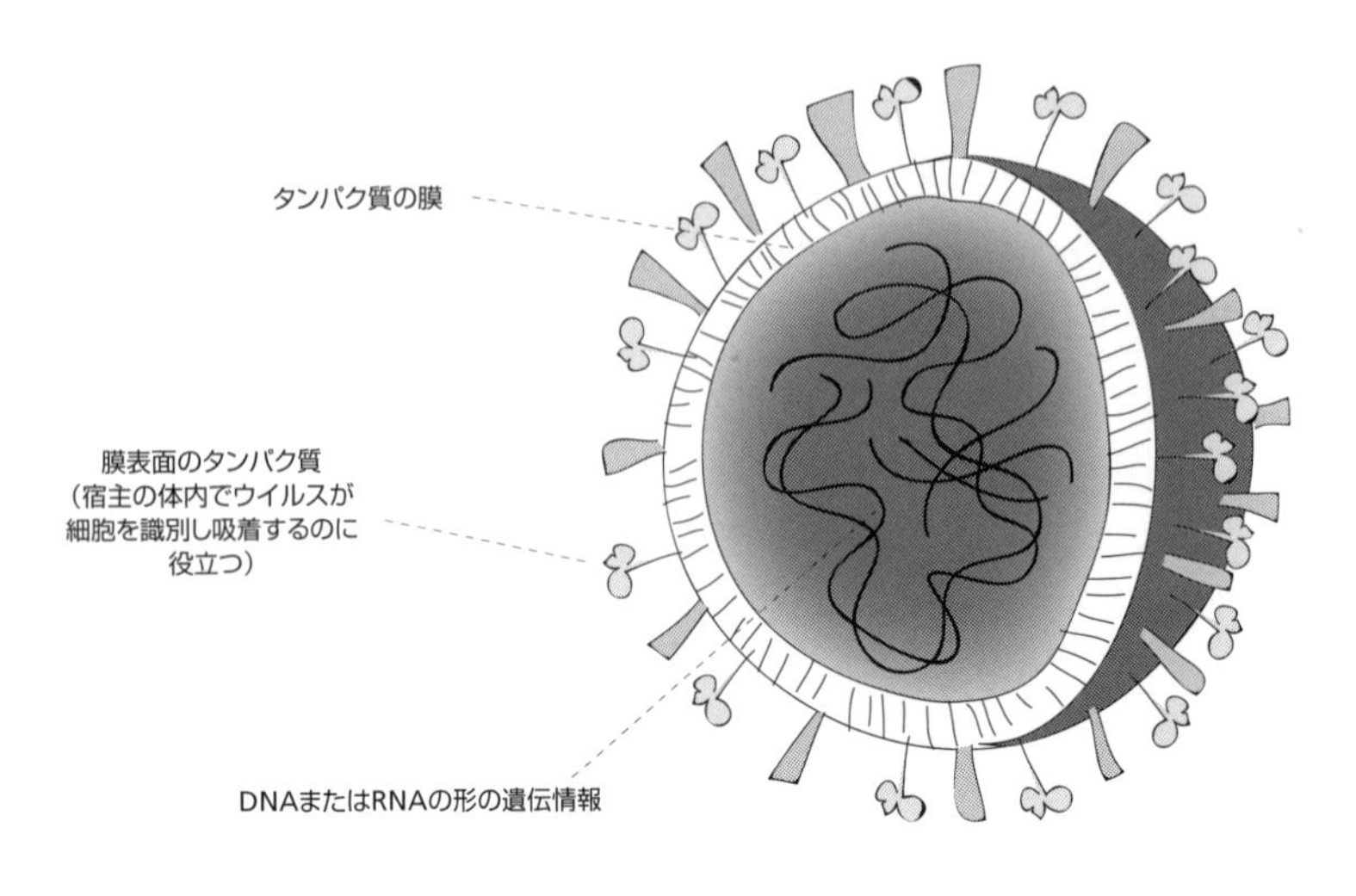

[典型的なウイルス]

ろう）、ウイルス感染がかなり厄介な場合があることはわかるだろう。また、エボラ出血熱を発症したことがあれば（あってほしくないが）、ウイルス感染が非常に恐ろしく、残念ながら命に関わる場合があることもわかるだろう。ウイルスは繁栄するために人間を必要とするはずなのに、なぜこんなことが起こるのか。

これはとても単純な話で、ウイルスの、自己複製のみに的を絞った強すぎる指向性こそが問題なのだ。まず、ウイルスが体内に入る方法というのは、気道を通るか（ようこそインフルエンザ！）、昆虫の咬み傷から唾液で運ばれるか（いらっしゃい黄熱病！）、皮膚や粘膜の切り傷や擦り傷から侵入するか（よくきたね、ヘルペス！）である。侵入したウイルスは、細胞の表面にくっつくと、なんとかして細胞膜を通り抜ける。その方法はウイルスによってさまざまだ。たとえばポリオウイルスはシンプルに穴を開けて侵入する。HIV（ヒト免疫不全ウイルス）は、細胞膜と自身の膜を融合させて細胞のなかに押し入る。インフルエンザウイルスは細胞の反応を利用する。実は、細胞のほうから飲み込んでくれるので、ウイルスは細胞内部の機構を簡単に利用できるようになるのだ。

コラム　世界最大のウイルス

トップスリーまでの巨大ウイルスは、ゲノムのなかに100万以上の塩基対をもっている。最大サイズを誇るのが、その名のとおりのメガウイルスだ。チリ沿岸で採取された海水のサンプルから発見され、遺伝物質にはタンパク質をコードする遺伝子が1120個含まれている。だが、この巨大ウイルスを恐れる必要はない。海洋細菌にしか感染しないと考えられているからだ。

とは言うものの、3番目に大きいミミウイルスも、かつては人に感染しないと思われていた。タンパク質をコードする遺伝子の数は979で、イギリス北部のブラッドフォードにある病院の冷却塔の水から見つかった。当初、科学者たちは、ミミウイルスはアメーバにしか感染しないと言っていたのだが、フランスの研究施設での調査中に技術者が感染して肺炎になってしまった。この事件の後、フランスの研究者たちはミミウイルスを保有する研究施設のバイオセーフティレベルを「レベル2」へと引き上げることに同意している。
　これらの2つの巨大ウイルスの間に位置するのがママウイルスだ。タンパク質をコードする遺伝子は1023個。やはりアメーバに感染するウイルスなのだが、奇妙な点があった。このウイルスに寄生するウイルスがいるのだ。ママウイルスがアメーバ内部にウイルス生産工場を立ち上げると、小さな寄生ウイルス（発見者は「スプートニク」と命名）がこの工場に侵入して、工場の装置を使って増殖する。なかなか面白いことに、スプートニクに感染したママウイルスは自己複製に失敗して異常な個体を作るようになる。つまり、スプートニクのせいで、ママウイルスが病気になったのだ。

　さて、お楽しみはここからだ。ウイルスは細胞内に侵入すると遺伝物質を放出する。すると、遺伝物質は細胞の複製機構を乗っ取って、自身を何度も繰り返し複製する。宿主の細胞は、本来の仕事がかなり激しく乱されるため、たいていは死んでしまう。新しく作られたウイルス粒子は細胞の外に飛び出して、別の細胞を感染させる。このプロセスが繰り返されるのだ。最も成功を収めたウイルスは、他の個体を感染させるために自分たちを体外にばらまかせる仕組みを作るように進化している。たとえば、普通の風邪を引き起こすライノウイルスの場合、感染者はくしゃみをさせられ、ウイルス満載のしぶきを2万粒ほども空気中にまき散らし、外の宿主候補たちがそれを吸い込むという寸法だ。エボラウイルスが進化させた方法はさらに乱暴だ。本質的には感染者を溶かすことによって、増殖したウイルスが人体という束縛から簡単に逃れて、外の世界へと広まっていく。

新たな宿主を見つけて増殖し続けるというウイルスの必要性こそが、宿主である人間にとっての大きな問題となる。普通の風邪であれば、進化の結果のこの方策は、人間にとって煩わしいけれども(現在では)命に関わることはめったにない。だが、エボラ出血熱や狂犬病、天然痘など、破滅的な結果をもたらすウイルスも多い。

しかし、ウイルスに関しては、人間自身が問題を起こすこともある。議論は絶えないのだが、多くの人々は——いや、科学者やテロリストだけか——ウイルスを貴重なツールとして利用できると考えている。その結果、生物学研究所は、人工的に改造されたウイルスで溢れることとなった。

ウイルスの改造が役に立つことは否定できない。たとえば、ウイルスの遺伝子操作によって医療上の問題が解決できることもある。また、ウイルスを理解することで、私たち人間の仕組みを理解できるようになり、感染への抵抗力を高めることが可能となる。ウイルスのDNAによる遺伝子スイッチのコントロールを癌治療に役立てるという試みもある。癌の原因となるウイルス(ヒトパピローマウイルスなど)があることを考えれば、これは理屈にかなった試みだ。

また、ワクチンを開発するためには、ウイルスの研究が欠かせない（これについてはすぐ後で取り上げる）。

残念ながら、兵器としてのウイルス利用といった問題もある。これまで見てきたように、成功したウイルスの特徴は、とても効率よく自分たちを周囲にまき散らす点にある。そして、それを自然にうまくできるウイルスもあれば、そうでないものもある。この特徴を変えられるかどうかは非常に重要な問題だ。

『28日後…』の冒頭で、感染したチンパンジーを研究する科学者が、研究所の取り組みを正当化しようとする。デイヴィッド・シュナイダーが演じるこのキャラクターは、「治療するためには、まず理解しなくては」と哀れっぽく訴えるのだが、その演技はどうも説得力に欠けると言わざるをえない。シュナイダーに対して好意的に見れば、説得力が出ないよう演技したのだろう。この科学者はそれまで自分の研究を正当化する必要がなかったのかもしれない。

ことウイルスに関しては、科学者はまったくおかしなことをする。アジアの鳥インフルエンザ、H5N1ウイルスを例にとろう。H5N1は厄介なウイルスなので、感染を避けるのが身のためだ。幸いにも感染はかなり難しい。エボラウイルスと同じで物理的に接触しないと感染しないうえに、H5N1の場合はトリに触れる必要があり、通常はヒト同士で感染することはない。だが、バイオテロリストはその性質を変えようとするだろう。そのため、H5N1を「兵器化」する、つまり普通の風邪のように空気感染するよう改造する（エアロゾル化する）ことがどの程度難しいかを調べる計画がある。政府はこの調査に基づいて、差し迫った脅威から市民を守り、空気感染するウイルスに対するワクチン開発を開始すべきかどうかを判断するのだ。H5N1のエアロゾル化にテロリストが成功するかどうかを知るためには、自分たちでそれに挑戦するしかない。言い換えれば、テロリストの仕事を先にしてあげるわけだ。

たまたまだが、H5N1のエアロゾル化は可能であって、2012年にオランダの科学者チームが成功している。驚いたことに、このとき科学者たちは、技法を科学雑誌で公表しないほうがよいのではとの提言に激しく反発した。さらに、実験中の研究室が「最高レベルのセキュリティ」で守られてはいなかったと聞けば、驚きは増すばかりだ。当時、研究室はバイオセーフティレベル3＋と指定されており、これは最高レベルの1つ下のレベルだった。

読者の皆さんも驚かれたことだろう。不思議にも、科学者というのは、最も危険な研究をできるだけ安全に行うという点では、大した実績があるわけではないのだ。たとえばウイルスを外に漏らすこともある。1978年、バーミンガム大学の研究者が誤って漏らした天然痘ウイルスが、建物の換気ダクトに入った。結果、その研究室の上階で写真技師として働いていたジャネット・パーカーがこのウイルスに感染して、天然痘の感染による世界最後の死亡者として歴史に名を残すこととなった。こうした事例は他にもある。2004年には、中国でSARSウイルスを取り扱っていた2人の研究者がどうしたことか感染してしまった。感染はこの2人から研究室の外へと広がり、他にも7人が感染した。不運な7人のうちの1人は研究者の母親であり、感染のために死亡している。

この種の事例に興味をもった研究者が将来的な漏洩の可能性を計算したところ、オランダのエアロゾル化されたH５N１ウイルスが４年以内に研究室の外に漏れる確率は80％という結果が出た。この数字が、慎重を期すべきだという十分な理由となるだろう。

実はこういったことを考え合わせても、人間の過失や愚行、あるいは悪意によって、ウイルスの世界的大流行が生じるとは考えにくい。それよりも、未知のウイルスが人間社会に入り込んで大惨事を引き起こす可能性のほうがよほど高いのだ。嘘っぽいと思うかもしれないが、本当のことだ。私たちの周りにはそれはたくさんのウイルスが存在する。小さじ1杯分の海水には約１００万個のウイルスが含まれている。実際に海水のサンプルを採ると、これまで陸に上がったことがなく研究所で特定されたこともないウイルスがいくらでも見つかる。つまり、人を病気にしたり、死なせたりする新たな方法はまだまだ現れそうなのだ。そう思うと、２つ目の質問をしたくなるだろう。**どうすれば感染から身を守れるのか？**

感染から身を守るには？

この映画で一番バカげてるのは、キリアン・マーフィがヒゲをそる場面だね。どうしてそっちゃったんだろう。ヒゲは最高なのに。

バカげてると思う理由が違うよ。何もつけずにヒゲをそって顔を傷つけたのがダメなんだ。ゾンビの血しぶきを受けたらすぐにレイジ・ウイルスに感染してしまう。

じゃあ、ヒゲは見た目がいいだけじゃなくて、感染からも守ってくれるってこと？

あとは、他人から殴られる可能性も減るだろうね。ヒゲを生やした男は強くて怖そうだと思われるという研究結果もあるんだよ。

そんなの誰でもわかるよ。君に僕のヒゲをあげたいね。君のほうがよっぽどヒゲを必要としてるからさ。

私たちは進化という厳しい競争のなかにいる。病原体は自身の目的のために人間を利用したがっており、そのための新しい方法を常に生み出している。私たちの体は免疫系を改良することで、それに対抗する。これが、去年の冬に受けたインフルエンザの予防接種が、今年には効かなくなっている理由だ。私たちは毎年新しい予防接種を受けなくてはならない。インフルエンザウイルスには現状のままでとどまる余裕はない。生き残りを賭けて突然変異を起こし、警戒を怠らない人間の免疫系を出し抜く必要があるからだ。

私たちの免疫系はかなり自慢できるものだ。非常に複雑な防御メカニズムであり、その驚くべき能力はまだわかっていない部分も多い。何千年もかけて作りあげられたものであり、健康を害する恐れのあるものを突き止めて無力化する仕組みを数多く備え、被害を最小限に抑えるべく戦っている。免疫系が働くと、体温がわずかに上昇し、少しだるくなることが多い。鼻水が出たり筋肉痛や喉の痛みが現れたりすることもあるだろう。しかし、体内で起きていることを考えれば、そんなのはわずかな代償にすぎない。

実は人体には2種類の免疫系がある。１つは「適応免疫系」であり、血流中を循環するさまざまな細胞が役割を担っている。これらの細胞によって、抗体などの分子が作られる。抗体の役割は、特定のタンパク質（細菌や寄生体やウイルスと関連する場合が多い）を認識して、鍵と鍵穴の仕組みを用いてそのタンパク質と結合することだ。

適応免疫系は、後天的に獲得された免疫の源である。私たちの体が初めて何かの病原体の宿主になると、ある防御細胞が、その病原体を防ぐ抗体を作ることができるようになる。防御細胞は、感染した細胞からの救難信号に反応して、そのウイルス（あるいは細菌でもなんでも）と結合する化学物質（抗体）を放出して病原体のお楽しみを終わらせる。これに成功した防御細胞は増殖して、その病原体を見つけ次第攻撃するような殺戮マシンとなる次世代の細胞を生み出すのだ。

コラム

感染を抑え込む方法――検疫隔離

感染者が誰にも気づかれることなく病原体を広範囲にまき散らしながら何週間も過ごすとすれば、さまざまな点で、レイジ・ウイルスよりもはるかに恐ろしいことだ。現在では毎日たくさんの人々が世界中を飛び回っている。そのために、鳥インフルエンザやジカ熱のようなウイルス性疾患が非常に危険なものとなった。いずれも潜伏期間が比較的長く、症状が現れて危険性が明らかになるまで時間がかかるので、病気が放置されたまま、感染者が旅行をしたり人と会話したりするのだ。

この解決策として、検疫による隔離がよく挙げられる。感染の可能性があるすべての人を特定して隔離するのだ。古くから用いられてきた方法ではあるが、特に今日では、絶対確実な方法とは言えない。人々の移動を制限するのが難しいからだ。2013年に始まったエボラ出血熱の大流行の際には、西アフリカでの移動制限は、当地の経済に悪影響を及ぼす外圧になるとの批判が見られた。また、ジカ・ウイルスの危険性から2016年のリオオリンピックを中止するか開催地を変更すべきだという意見が出たものの、そのような対応は単純にありえないと却下されている。

しかし、隔離封鎖が強行されることもある。1972年、ユーゴスラビア政府は、世界保健機関の要請を受けて戒厳令を敷き、天然痘患者が見つかった村を封鎖した。この封じ込めは成功し、村人たちはヨーロッパ本土で最後に天然痘を経験した人々となった。『28日後…』では、イギリスが隔離封鎖される。ナオミ・ハリスが演じたセリーナは、封鎖は失敗であり、パリやニューヨークでも感染者が出ていると断言する。だが彼女は間違っていた――その時点では。続編の『28週後…』では、感染がパリにも広がった。誰かが赤い目の怒り狂うゾンビを通過させたからではない。もっと恐ろしい者が現れたためだ。本人は発症しない保因者（キャリア）である。多くのウイルスでは、症状を示さない保因者が存在する。HIV、腸チフス、エプスタイン・バール・ウイルス、クラミジアなどもそうだ。くれぐれも気をつけるように。

もう1つが「自然免疫系」だ。特定の病原体だけに反応するような柔軟性はなく、外敵や異物であればなんでも攻撃する。スカベンジャー（掃除屋）細胞やT細胞として知られる白血球などがそれで、細菌を発見すると破壊する。その他、ナチュラルキラー細胞は、組織の健康状態をチェックするために、腫瘍やウイルスの痕跡がないか細胞の表面を調べる。また、脅威に対する化学的な目印となる酵素もある。ミサイルのレーザー誘導のように、スカベンジャー細胞や他の免疫部隊を誘導するのだ。この酵素は他にも、細菌の細胞壁を溶かしたりウイルスの外殻を消化したりすることで、病原体を弱体化し外敵であることをわかりやすくするなど、忙しく働く。このような免疫系の働きにより、炎症反応が生じ、発熱の症状が出ることも多いが、体を治癒するための戦いの副作用と言える。

私たちは優れた免疫システムをもっているだけでなく、ワクチンという形での助けも得られる。ワクチンを接種すると、無毒化したり殺したり大きなダメージを与えたりした病原体が、あなたの血流のなかに入る。免疫系がそれを見つけると、その特定の病原体を殺すのに必要となる抗体が作られる。この抗体が体内に残るので、その特定の病原体に対して免疫のある体ができるのだ。

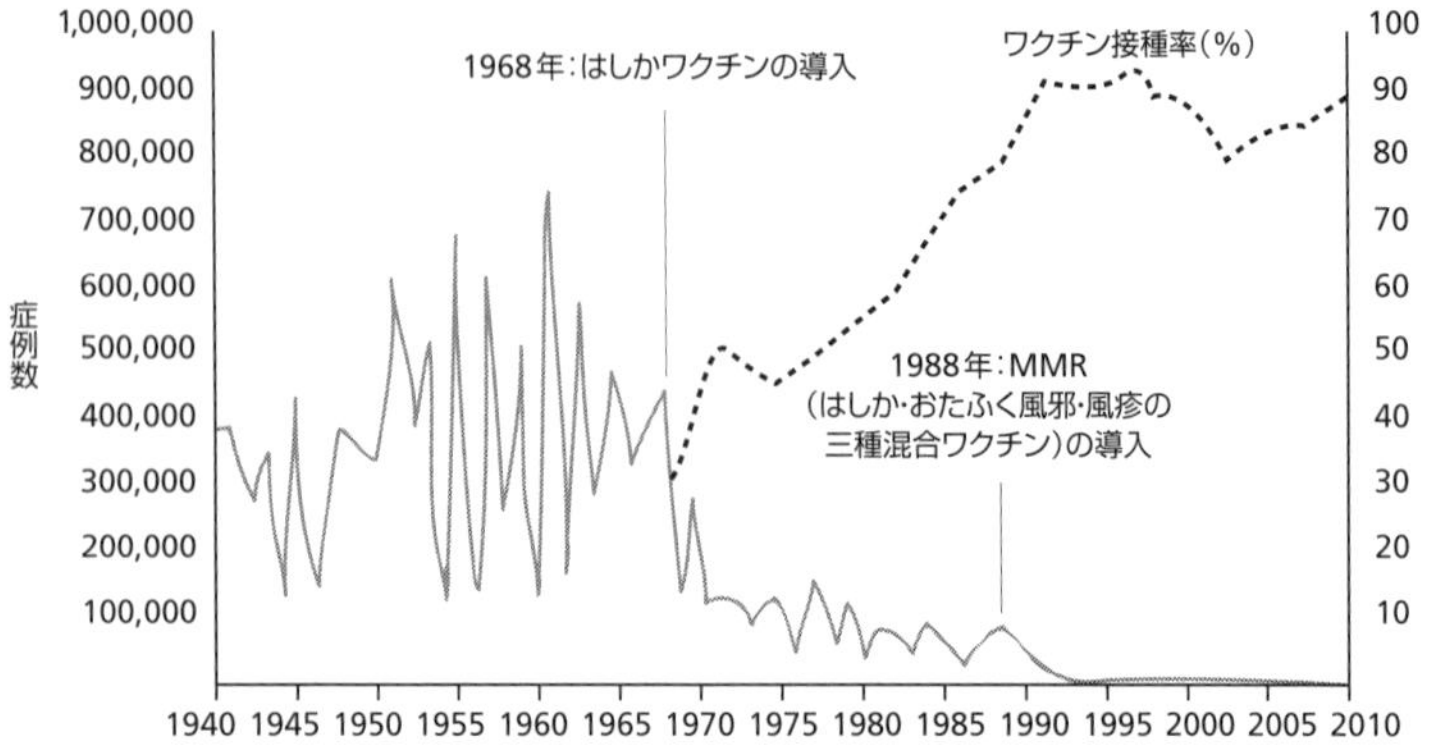

[はしかワクチンの導入により、繰り返し発生していた流行が見られなくなり、イングランドおよびウェールズにおいて実質的にはしかが根絶された]

ワクチンの発見は、人類史上最大のサクセスストーリーの1つだ。ワクチン接種のおかげで、毎年200万～300万人が、かつての死病にかからずにすんでいる。たとえば、はしかワクチンの接種によって今世紀すでに1700万人以上の命が救われている。

しかし、ワクチンに効き目があるのは、病原体がそれほど変化しない場合に限られる。物理的な形状が一定以上に進化すると、抗体は病原体を認識できなくなる。つまり、危険なゾンビ製造ウイルスにとって、進化はお友達なのだ。

これはHIVの大きな問題である。このウイルスはすさまじい速さで進化するのだ。1個のウイルスがたった24時間で数十億個にまで増殖する。しかもコピー装置としての性能が悪いため、増殖したウイルスの間に微妙な違いが生じるのだ。宿主の免疫系を打ち負かすような変異が生じることもある。さらに悪いことに、２つの異なる系統のウイルスが同じ宿主細胞内で組み合わさって新たなウイルスが作られることもある。このように、ＨＩＶは高い遺伝的多様性をもつので、治療が極端に難しい。初期に行われた薬物治療に対しても、感染者の免疫系に対しても、ＨＩＶはすぐに抵抗力をつけてしまった。ウイルスは急激に進化し、しかも感染者ごとに進化の仕方が異なるため、ワクチンの開発は非常に難しい。

しかし、ありがたいことに、抗レトロウイルス療法という新世代の抗ＨＩＶ薬が大成功を収めている。この治療薬はウイルスの体内での増殖を防ぎ、血流や体液のなかのウイルス粒子の数を他の人に感染しないレベルまで減らしてくれる。ウイルスを破壊するわけではないが、ウイルスが勝利することもなくなる。この治療法は現代医学における最大の成果の１つである。治療を続けられる限り、ＨＩＶはもはや死刑宣告ではなくなった。しかし、治療薬を入手できるかどうかという経済的・社会的問題はある。それと同様の問題が、ワクチン開発を遅らせている原因ともなっている。それは最近のエボラ出血熱の大流行により明らかとなった。

初めてエボラウイルスが発見されたのは１９７６年のことだ。エボラウイルスは体液を交換することで感染する。性行為、傷口への接触、授乳、そのほか体液が人から人へ移動するような直接の接触が原因となる。もちろん、感染してもゾンビにはならないし、他人を襲ったりもしない。感染すると、体がウイルスと戦おうとするために発熱や脱力感といった症状が出る。また、ウイルスが感染者の体を出て新たな宿主に感染するために、下痢や嘔吐など、体液を外に出させようとする症状も現れる。よく知られる目からの恐ろしい出血は一般的な症状ではないが、これもまた世界を支配しようとするエボラウイルスの戦略の1つである。ウイルスによって体のさまざまな部位の粘膜が破壊されるのだが、目の粘膜は体表面の近くに血管があるため出血につながるのだ。また、ウイルスによって血液が凝固しなくなるため、いったん出血し始めると止まらなくなる。運よくある種の自然免疫力をもっているのでない限り（エボラウイルスに感染した時点で「運がいい」とは言いたくなくなるだろうが）、発症から1週間のうちに多臓器不全で亡くなるだろう。

恐ろしい話だが、当初、エボラ出血熱は西側諸国にとってワクチンを開発するに足るほどの脅威になるとは考えられていなかった。1970年代にこの病気を目にした米軍は、エボラの発生地域で活動する場合も、衛生状態が良好で保因者との物理的接触が最小限であれば、感染が広がる恐れはないと判断した。さまざまな手間とコストがかかるワクチン開発プログラムは、それに見合う価値があるとは思われなかったのだ。

現在ワクチンが存在しているのは、大部分は、非営利団体やウェルカム・トラストなどの慈善団体のおかげである（シニカルな言い方をするならば、感染者が飛行機でヨーロッパやアメリカに来ることを人々が怖がったおかげでもある）。ワクチン開発はいったん始まると素早く進んだ。国際的な取り組みが始まったのは2014年だが、2016年の終わりにはギニアで6000人近くに対して試験的にワクチンが投与されている。そうしてワクチンの効果が確認されると、数カ月のうちに30万回分のワクチンが製造されることとなった。次にエボラがその醜い姿を現したときには、より効果的な対応が期待される。

『28日後…』のレイジ・ウイルスについてはどうだろう。その起源はエボラウイルスにあるので、たとえば強烈な赤い目など、似た症状が多くある。では、それ以外の症状はもっともらしいものなのだろうか。つまり、**ウイルスによって人間は大暴れするゾンビに変わりうるのか？**

人間を凶暴にするウイルスはあるのか？

終盤に好きな描写があってね。ゾンビになったクリフトンという兵士が鏡に映った自分の姿を見る場面だ。ちょっと混乱した様子なんだよ。自分がゾンビだという自己認識がないのかな。

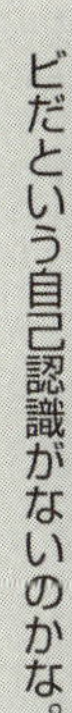

あの場面で君はそんなこと考えてたの？　考えすぎだよ。

「何がおかしいのさ？　妥当な疑問だよ。「ゾンビの自己認識はどうなっているのか？」

君の自己認識こそ、どうなっているのやら。自分が何を言ったかわかってる？　他の観客はみんな鏡の裏にしがみついてる子どものことを心配してるのに、1人だけ、その場面が実験として妥当かを考えてるなんてさ。

ああ、なんと皮肉なことだろう。『28日後…』のレイジ・ウイルスは、もともとは、暴力性を抑える薬を開発するために作られたものだった。しかし、ウイルスのDNAにエボラウイルスが組み込まれたことで、進化的に変異したウイルスが正反対の性質をもつようになる。このウイルスが引き金となって、暴動やレイプ、殺人、飢餓が生じ、イギリスがまったくイギリス的ではない場所へと変貌するのだ［こういった背景は続編の『28週後…』で明らかとなる（訳註：映画本編ではなく、ブルーレイ版の特典映像のグラフィック・ノベル『28 DAYS LATER: THE AFTERMATH』で描かれている）］。

エボラウイルスに感染しても患者が暴れ回ったりしないのは確かだ。これまで見てきたように、ウイルスに体を攻撃されて、衰弱した患者は自力では何もできなくなる。これは病気に対する人体の普通の反応だ。免疫系の最初の役割の1つは、体の全エネルギーを感染との戦いに集中させることなのだ。出勤したり配線を修理したりする余裕はない。サイトカインという生体分子が分泌されることで、人は立っていられなくなり、食欲もなくなる。エネルギーを無駄づかいしないためであり、自分から体を動かすわけでもない消化のような活動さえ抑えられるのだ。それなのに、感染によって活動的になるなどありえるだろうか。

それが、あるのだ。感染の種類によっては、人間の行動を変えてしまうことがわかっている。暴動には至らなさそうな小さな変化から、ちょっと怖いレベルの変化まである。

まずは無難に、最も穏やかな変化から紹介しよう。具体的には、「ATCV‐1」クロロウイルスという病原体である。以前は藻類だけに感染すると考えられていた。しかし、ボルチモアにあるジョンズ・ホプキンズ大学医学部の微生物学者たちは、精神病患者の体の内側や表面についた微生物を調査した際にこのウイルスを見つけて興味をもった。そして調査の結果、健康な被験者の43％がこのウイルスをもっていることを発見したのだ。

これはかなり心配になる数字である。なぜなら、ATCV‐1には頭の働きを悪くする性質があるのだ。人間が感染すると、脳の空間認識や認知処理の能力が10％ほど低下し、集中力も落ちてしまう。マウスも、このウイルスに感染すると集中力が続かなくなり、迷路の出口が近くにあってもすぐには見つけられなくなる。好奇心もなくなって、目新しいものでもそれほど興味を示さなくなるのだ。仮定の話だが、もっと強力なウイルスが現れれば、私たちの頭の働きはさらに悪くなり、つまりはゾンビのようになりそうだ。

コラム 最悪の感染

レイジ・ウイルスによって何百万という人々が死亡したが、それを超える被害をもたらした伝染病はいくつもある。

天然痘は、大痘瘡ウイルスや小痘瘡ウイルスによって引き起こされる病気であり、人間が感染する疾患で唯一、自然界から根絶されたものだ。天然痘によって20世紀だけでも最大5億人が亡くなったと言われる。それ以前にどれほど多くの犠牲者が出たのかは誰にもわからない。

腺ペストは黒死病と呼ばれ、14世紀には、ヨーロッパの人口の3分の1にあたる人々の命を奪った。この大流行で、およそ7500万人が亡くなっている。原因となる細菌は今も私たちの身近に存在するので、腺ペストはときどき流行する。

スペイン風邪はウイルス性の疾患で、第一次大戦の終わりに爆発的に流行した。当時、世界の全人口のおよそ3分の1が感染し、死者数は5000万〜1億人にのぼった。

マラリア原虫による死者は年間約200万人で、その多くが5歳未満の幼児である。

ワクチンの開発は遅々として進んでいない。感染者のほとんどがアフリカやアジアや南米で暮らす、治療費を払う余裕のない人々であるためだ。

ＨＩＶによる死者は２５００万人を超える。ウイルスの影響をコントロールする薬は開発されているのだが、薬が自由に手に入らない地域が世界各地にあり、免疫系を攻撃するこのウイルスによって多くの人々が命を奪われ続けている。

結核は細菌による危険な感染症であり、毎年１００万～２００万人が亡くなっている。結核菌には世界人口の約3分の1が感染しており、毎年およそ１０００万人が発症する。インフルエンザで亡くなるのは毎年50万人ほどだ。ウイルスが急速に進化するため、効果があるワクチンであっても毎年デザインを変えて新型ワクチンを作る必要がある。

発疹チフスは細菌感染症であり、１９１８～１９２２年の間だけで約３００万人が死亡した。特に苦しんだのは兵士だった。この細菌はシラミによって媒介され、衛生状態が悪い環境で流行する。今日ではほとんど鎮圧されており、亡くなるのは世界の人口５００万人あたり1人にとどまっている。

まあ、このウイルスと共存はできるだろう（というか、たぶんすでに共存している）。共存と言えば私たちは猫とも一緒に暮らしているが、猫にもまた寄生虫がおり、研究者によるとこの寄生虫が人間の行動に影響を与えるのだという。猫の糞便にはトキソプラズマ（Toxoplasma gondii）という寄生虫（単細胞生物）がいるのだが、これに妊婦が感染すると胎児も感染するので、妊娠中の女性は気をつけるようにという話は聞いたことがあるだろう。感染は妊婦に限らず誰でもありうる。数字に幅はあるが、世界の人口の約3分の1がトキソプラズマに感染していると考えられている。わかっている範囲では、感染による影響は小さい。人が感染すると、反応が鈍り、怒りっぽくなって、奇妙なことに社交的になることもあるという。動きは遅いが攻撃的なゾンビの群れの原因となるものを見つけたいのなら、猫のトイレを探せば十分かもしれない。

トキソプラズマの研究から、興味深い発見がいくつかあった。たとえば、統合失調症や双極性障害など、特定の精神疾患をもつ人々は感染率が高い。だが、もっと気になるのは、「間欠性爆発性障害（IED）」との関係だ。

IEDの症状は、突然に怒りを爆発させることだ。たとえば、運転中の割り込みや追い越しに対して急に怒り出したりする。このIEDの人たちだが、「普通」とされる人の倍以上の確率でトキソプラズマに感染していることが、シカゴ大学のエミール・コッカロの研究でわかった。猫の寄生虫がどうやって人の凶暴性を引き出すのかは明らかではないが、感染によって生じる脳内化学物質が脅威に対する脳の過剰反応を引き起こすという仮説や、身の回りの脅威を理性的に評価するための処理経路が感染によって阻害されるという説はある。なぜそんなことが起こるのだろう。猫の獲物であるネズミが、本当の脅威とそうでないものとを区別できなくなれば、猫にとって狩りが簡単になるからかもしれない［訳註：寄生虫が猫の糞便から周囲のネズミに感染、それがさらに別の猫に感染するというライフサイクルを想定している」。そうだとすると、これは共生の1つの形である。共生とは、寄生生物と宿主の双方にとって利益がある関係のことだ。獲物がより社交的で仲間と関わるようになれば、寄生生物は簡単に感染を広げられるし、獲物が少し混乱して動きが鈍くなれば、宿主にとって狙いやすいターゲットとなる。

人間に対するトキソプラズマの影響はもう少し複雑であることが実験からわかっている。女性の場合は社交的で人を信用しやすくなるのに対して、男性は内向的で他人を警戒するようになる。共通しているのは、反応時間が遅くなるという点だ。もし、ゾンビによって世界が終わりを迎える原因がこのウイルスであれば、感染していない者はその戦いにおいてもちこたえることはできそうだ。

ゾンビを作るのに、もっと効果的な方法もある。ゾンビにするには宿主の行動を根本的に変えてしまう必要があるのだが、そうした特徴をもつ例としてオフィオコルジケプス（Ophiocordyceps）という寄生性の菌類が挙げられる。ブラジルの熱帯雨林で発見されたこの菌は、アリに感染すると化学物質の混合物を放出して行動を完全に支配し、アリを小さな操り人形に変えてしまう。感染の2日後には、ゾンビアリは菌の意思に従って動くようになる。アリは、ある高さに達するまで植物を登らされる。そこは温度や湿度が菌類の繁殖にちょうどよい。次に、大顎で植物に咬みつかされる。アリの体が固定されると、菌は化学物質を出してアリを殺す。そして、アリの頭部を貫いて茎のようなものを生やす。子座と呼ばれるこの茎から胞子をばらま

1. 無防備なアリに、熱帯雨林の
   地面に落ちていた胞子が付着する。
   胞子が分泌する酵素によって
   アリの外骨格が溶かされ、
   胞子はアリの体内に入り込む。

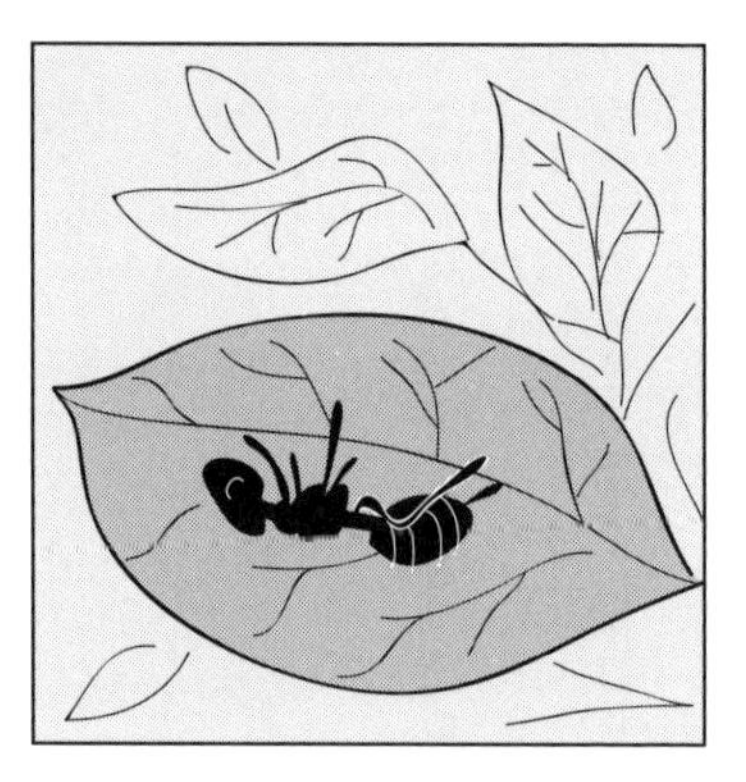

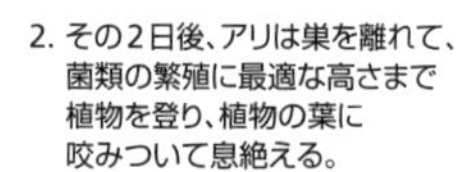

2. その2日後、アリは巣を離れて、
   菌類の繁殖に最適な高さまで
   植物を登り、植物の葉に
   咬みついて息絶える。

3. 菌はアリの頭部の内側から
   「子座」を生やす。子座から
   新しい胞子が放たれて地面に落ち、
   さらに多くのアリを感染させる。

[無防備なアリをゾンビにする方法]

いて、さらに仲間を増やすのだ。なんとも恐ろしい話ではないか。

今のところ人間に感染して思考を支配する菌類は発見されていない。にもかかわらず、イギリスの放送局ＩＴＶ２の理事たちが、リックの番組『Safeword』第３シーズンの制作を阻止しているのは、なんとも不思議なことだ。

そろそろ、読者もお待ちかねのウイルスを取り上げるときがきたようだ。レイジ・ウイルスを作る確率を上げるためには、これを無視するわけにはいかない。そう、狂犬病ウイルスだ。

狂犬病は本当に怖い病気だ。多臓器不全からゆっくりと苦痛に満ちた死に至るという点でエボラ出血熱と似ている。人間に感染した場合の死亡率はほぼ１００％だ。全世界で毎日およそ75人の子どもが亡くなっている。だが、エボラ出血熱とは違って、人々は横たわって静かに死んでいくわけではない。感染者は凶暴（レイジ）になるのだ。

運悪く狂犬病ウイルスに感染した人は、非常に攻撃的になることがあり、妄想や幻覚、発汗と唾液の分泌過多、さらに他人を咬もうとする制御不能な衝動といった症状が現れる。これはウイルスの典型的な戦略だ。狂犬病のウイルスは唾液腺にたまるので、他の宿主に移るためには咬むのが最良の方法なのだ。水や液体を恐れるようになり、飲み込もうとすると首の筋肉が発作的に痙攣するといった症状もまた、狂犬病ウイルスの性質（たち）の悪さを示している。飲み込めないために、ウイルスがたっぷり入った唾液は、喉を通らず、口から外へ出ることになる。水を飲み込むことができず、また水を見ることすら耐えられなくなるので、唾液中のウイルス濃度が薄まることもない。このウイルスは、目的を果たす方法を確かに心得ている。

　このように狂犬病ウイルスが宿主の行動を操ることができるのは、ウイルスが中央神経系や脳に入り込んで炎症を起こすことで、行動や精神状態、運動機能に影響を及ぼすからだ。人間の自由意志がいとも簡単に働かなくなること、つまりゾンビのような状態になりうることの証拠を確認したければ、狂犬病に関する科学的な文献を見ればよい。言ったとおり、本当に怖い病気なのだ。

　では、レイジ・ウイルスについてどんな結論が出せるだろう。有名ないくつかの感染症の症状をざっとなぞっただけで、レイジ・ウイルスのほとんどの性質を網羅してしまった。あとは、それらを混ぜればいい。ディストピア的な実験が簡単に思い浮かぶ。ある菌類と、猫の糞を少々、狂犬病の犬からもらった唾液に、藻類ウイルスを、悪夢のようなペトリ皿に一緒に入れる。そして、進化がその役割を果たすのをじっと待つのだ。しばらくすれば何か面白いことが起こるかもしれない。人間を、外出して集団になる程度に社交的にして、ただし妙に攻撃的にもして、少しばかり頭の働きを鈍くして、興奮したテリアのようにやたらに噛みつくようにする何かができるかもしれない。自分自身の行動をまったくコントロールできないという羨ましくない症状まで現れる。さて、私たちにレイジ・ウイルスは作れるのだろうか。絶対に不可能というわけではない。

つまり、ウイルスを恐れるのは当然ってことだよね。特に体を溶かすようなのは。だけど、ウイルスの脅威がうまく抑えられていることがわかって安心したよ。

でもさ、僕らみんなをゾンビに変えるような何か新しい病原体が進化によって現れたら？

その可能性があることが驚きだね。実際のところかなり怖いよ。

進化はたいてい偶然によって進むからね。そんなウイルスが現れるには長い時間がかかるさ。

うっかりした科学者が進化に手を貸さなければの話だろ。

おいおい、そんなことはまず起きないって。

そう言い切れるかい？　君はこの章で何も学んでないんだな。

第7章

マトリックス

私たちはシミュレーションのなかで
生きているのか？
「バレットタイム」を経験できるのか？
いずれ、瞬間的に学習できるようになるのか？

ウォシャウスキー姉妹［**訳註**：3部作公開時は兄弟と呼ばれていたが、その後2人が性別適合手術を受けたことで姉妹と呼ばれるようになった。本章では「姉妹」で統一している］は、すごいよね。映画公開から20年近く経つのに、この映画の視覚効果は今でも突出してるよ。

そんな2人でも、キアヌ・リーブスの演技がうまいようには見せられなかったんだけどね。

なるほど、批評に見せかけた嫉妬だね。君がネオ役を演じるこの映画もぜひ観てみたいよ。君が出演するならどんな映画でも観てみたいけどね。そしたら、本当に演技ができないのは誰なのかがわかるよ。

僕がキアヌ・リーブスに嫉妬してるって言うのか？　バカげてる。

もちろんバカげてるよね。うっかりしてたよ、君も億万長者で、女性に大モテで、ハリウッドのサクセスストーリーを体現してたっけね。

時は1999年のこと（あるいは皆がそうだと思っていた頃）、キアヌ・リーブスは二重生活を送っていた。昼間は目立たない退屈なプログラマーのトーマス・アンダーソンだが、夜はネオという名で活躍するハッカーだった。ネオは、自分が何かを待っているように感じていたが、それが何かはわからなかった。神の啓示か、はたまたネットスーパーの配達か……。

実は、待っていたのは彼の運命だった。なぜなら、彼こそが選ばれし者（the One）だったのだから［ネオ（NEO）がハッカー時代にアナグラム好きだったなら、自分が「ONE」である展開が予想できたかもしれない］。残念ながら、この特別な運命は、恐るべき真実とともにやってきた。この「現実」世界のあらゆるものが、実はシミュレーションだというのだ。

そして驚きの事実が明かされる。過去のある時点で、人類と機械との戦いがあったというのだ。勝利したのは機械で、人類は奴隷化された（信じられないというのなら、先に『エクス・マキナ』の章に進むといい。そうすれば、またこの章に戻ろうと思うだろう）。機械は、巧妙にも、人間を非常によくできたコンピュータプログラムに接続していた。そのプログラムがマトリックスである。マトリックスは仮想現実を生成して、それなりに満足できる生活を私たちに送らせて、不幸な真実につながる疑念を抱かせないようにした。その真実とは、人間は一生涯を液体に浸されたタンク内で過ごし、機械が私たちをエネルギー源にしているというものだった。

人類が単なる巨大な電池パックにされていることを知ったネオは、幸せいっぱいというわけにはいかなかった。とにかく、このまま放っておくわけにはいかない。そして、彼がまさにこのために選ばれし者だということが明らかになるのだった……。これは素晴らしい設定であり、私たちの最初の疑問は明らかだろう。ウォシャウスキー姉妹は本当のことを語っているのだろうか。**私たちはシミュレーションのなかで生きているのか？**

この世はシミュレーションなのか？

これって「プラトンの洞窟」と同じだよね。

なんだって？

プラトンはこんな話をしたんだ。暗い洞窟のなかで鎖につながれた人々がいる。彼らの世界は、目の前の壁に映った影だけでできている。その影はとい

うと、洞窟の外にいる、くすくす笑う頭のおかしい人形遣いが作ったものだ。だけど、洞窟にいる人々には2次元の影しか見えないから、影の世界が現実だと考えるんだ。

自分の隣にいる人を見ればいいんじゃないの？

いや、前しか向けないように頭を固定されてる。

3次元の連中に頭を固定されたことも、覚えてないわけ？

ずいぶん前に起きたことなんだよ。子どもの頃にね。

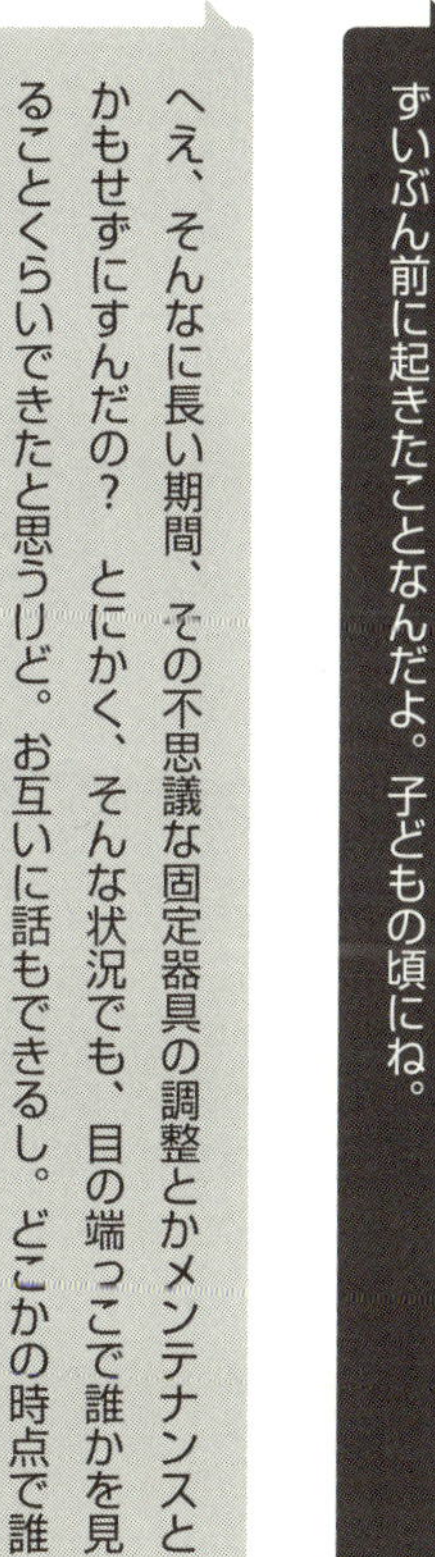

へえ、そんなに長い期間、その不思議な固定器具の調整とかメンテナンスとかもせずにすんだの？　とにかく、そんな状況でも、目の端っこで誰かを見ることくらいできたと思うけど。お互いに話もできるし。どこかの時点で誰

かがくしゃみや咳をしたんじゃない？

これだから僕は、君と一緒の世界にいるよりマトリックスのなかで生きるほうがマシだと思うんだよ。

映画のなかで、ローレンス・フィッシュバーンが演じたモーフィアスが、ネオに深遠な見識を示す。「現実はただの電気信号を脳が解釈したものにすぎない」。しかし、この問題を提示したのは彼が最初ではない。この現実世界が本当に起きていることなのかという疑問は昔から考えられてきた。

17世紀、ルネ・デカルトは、肉体をもたない自分の精神がシステマティックに欺かれ続けている可能性はあるかという問題を、真剣に考えた。著作『省察』では、外界について何も知らない自分に向かって、悪い霊が外界についての嘘を吹き込んでいるという状態を想像している。この「悪い霊」を、「支配者である機械が実行する、よくできたコンピュータプログラム」に置き換えれば、ネオの置かれた窮状とほぼ同じものになるだろう。

しかし、デカルトでさえも先を越されている。紀元前4世紀に、中国の思想家である荘子は、自分が蝶であるという鮮明な夢を見た［訳註：「胡蝶の夢」という説話］。目を覚ましたとき、荘子はこう考えずにはいられなかった。自分は今、自分が人間だという夢を見ている蝶ではないのだろうか。常識的には「蝶ではない」が答えなのだろうが、荘子には絶対に違うとは言い切れなかった。蝶には人間の世界を思い描くような認知能力がないといった議論は、実際に有効ではない。なぜなら、自分が夢を見ているかどうかが確かでないならば、「本当の」蝶がどのくらい賢いのかということについて適切に判断できるはずがないからだ。

もっと最近では、ギルバート・ハーマンやヒラリー・パトナムなど、さまざまな20世紀の哲学者たちが、「水槽のなかの脳」という受け入れづらい仮説について考察している。これは、外界（少なくとも「ありえる外界」）での経験を完全にシミュレーションできるコンピュータがあるとして、自分はそれにつなげられた脳であると仮定する思考実験である。自分が水槽のなかの脳ではないという確信がもてないのであれば、外界について自分が信じているあらゆることが誤りであるという可能性が残ることになる。これは辛い。

ここで最も気になる疑問は次のようなものだ。その電気信号はいったいどこから来ているのか？　それを生み出しているのは悪い霊なのか、スーパーコンピュータなのか、それとも私たちが通常そう思っているように、現実の世界の刺激に対する反応なのか？

問題は、あなたの脳はある種の孤立した考える箱であり、完全なる暗闇と静けさのなかで、頭蓋骨のなかに鎮座している（していてほしい）ということだ。外界についてあなたの脳が「知る」すべてのことは、神経の束を伝わる電気信号という形で脳を出入りしている。脳はすべての知覚情報を受け取り、つなぎ合わせて、世界についての物語を知ろうとする。たとえば、「あなたはお茶の入ったコップを手にもっていて、それが熱い」といった具合に。『マトリックス』では、あなたの手や目からやってくる信号がどのようなものであれ、それはコンピュータによる単なる模倣である。模倣なのに、あなたはお茶の入った熱いコップをもっているとすっかり騙されているのだ。慰めにもならないが、映画では、あなたの脳はまだあなたの青白いしなびた体に納まっているのであって、脳だけが水槽のなかで泳いでいるわけではない。

　これだけでもずいぶんと落ち着かない気分になるが、ここで登場するのがニック・ボストロムだ。『マトリックス』が公開された4年後の2003年に、このオックスフォード大学の哲学者は、さらに浮世離れしたアイデアをまとめあげた。リアルなものは何もなく、あなたの脳も含めて、すべてがシミュレーションだというのだ。

　ついに、水槽もなくなり、脳もなくなり、意識のシミュレーションだけになった。とっぴすぎると思うかもしれないが、ついて来てほしい。ボストロム氏は本当にとことんまで考えているのだ。

　彼が指摘しているのは、第1に、私たちの技術力がとんでもない割合で進歩しているという点だ。コンピュータの処理能力は今も高速化し続けており、いずれ頭打ちになると考える理由はない。第2に、人間はシミュレーションに対して強い関心をもっているようだという点。たとえば、仮想現実のビデオゲームや、『ザ・シムズ』シリーズ、進化モデルなどからそれがわかる。第3に、人間の脳機能のマッピングは大きく進歩しており、資金が投入されてもいる。

ボストロムは、これらのことから次のように結論づけた。いずれ人類は、自分たちの脳についての知識を活用して、意識についてのあらゆる徴候を示す存在がそのなかで暮らしているような、非常に詳細なシミュレーションを作る能力をもつだろうというのだ。これには少し議論の余地がある。私たちが実際に意識をモデル化できるようになるとは、誰にも断言できないからだ。だが、ここでは、人類がそこまで到達すると仮定しよう。私たちはこのシミュレーションを使って、歴史を「遡り」、たとえば、物事がどれほど違ったものでありえたかを確認しようとするかもしれない。これは歴史学者や進化生物学者が思考実験によって日常的に行っていることである。さて質問だ。これを「実際に」行うことができれば、それはどの程度すごいことなのか？　実現できれば、生命の始まりについて、意識の発生について、言語の起源について、決定的なことがわかる。よって答えは、「本当に、最高にすごいこと」だ。

ボストロムが正しければ、ここから考えられる未来のシナリオは3通りであり、彼の「シミュレーションについての議論」はその3つで構成されている。1つ目は、シミュレーションに必要なレベルまで技術が進歩する前に人類は絶滅する、というもの。このシナリオでは、シミュレーションは起こらない。2つ目のシナリオは、必要な技術レベルには達するけれども、興味がなかったり、倫理的問題があると考えたりして、そういったシミュレーションを行わないことに決めるというもの。3つ目が、私たちは技術に詳しい怖いもの知らずの究極のオタクとなり、一歩踏み出して、先祖のシミュレーション（とかそういったもの）を実行するというものだ。

これらのシナリオを順に見てみよう。最初のシナリオはかなり切ない。現時点で、初歩的なシミュレーションの実施まではそう遠くはないように感じられるので、このシナリオは人類の終わりが近いことを示しているようだ。2番目のシナリオは、起こりそうにない。人間は好奇心が強く、何かをする能力があるのならばやってしまう傾向にある。また、歴史イベントを再現するコミュニティがたくさんあることからわかるように、人間は喜んで過去をほじくり返すものなのだ。

よって、残るは3番目のシナリオだが、これはボストロムのシミュレーション仮説そのものである。このシナリオでは、人類や、もしかするとポスト人類が、祖先のシミュレーションに対して非常に強い関心をもち（すでに私たちは関心をもっている）、意識をもつ存在を含むシミュレーションを作ることができるとされる。

その頃には、コンピュータの演算能力は非常に強大になっているので、そういったシミュレーションを非常に短い時間で大量に実行できるだろう。つまり、「現実」が一番下のレベルだとすると、そのレベルに人類あるいはポスト人類（まさに最初となるシミュレーションを作った

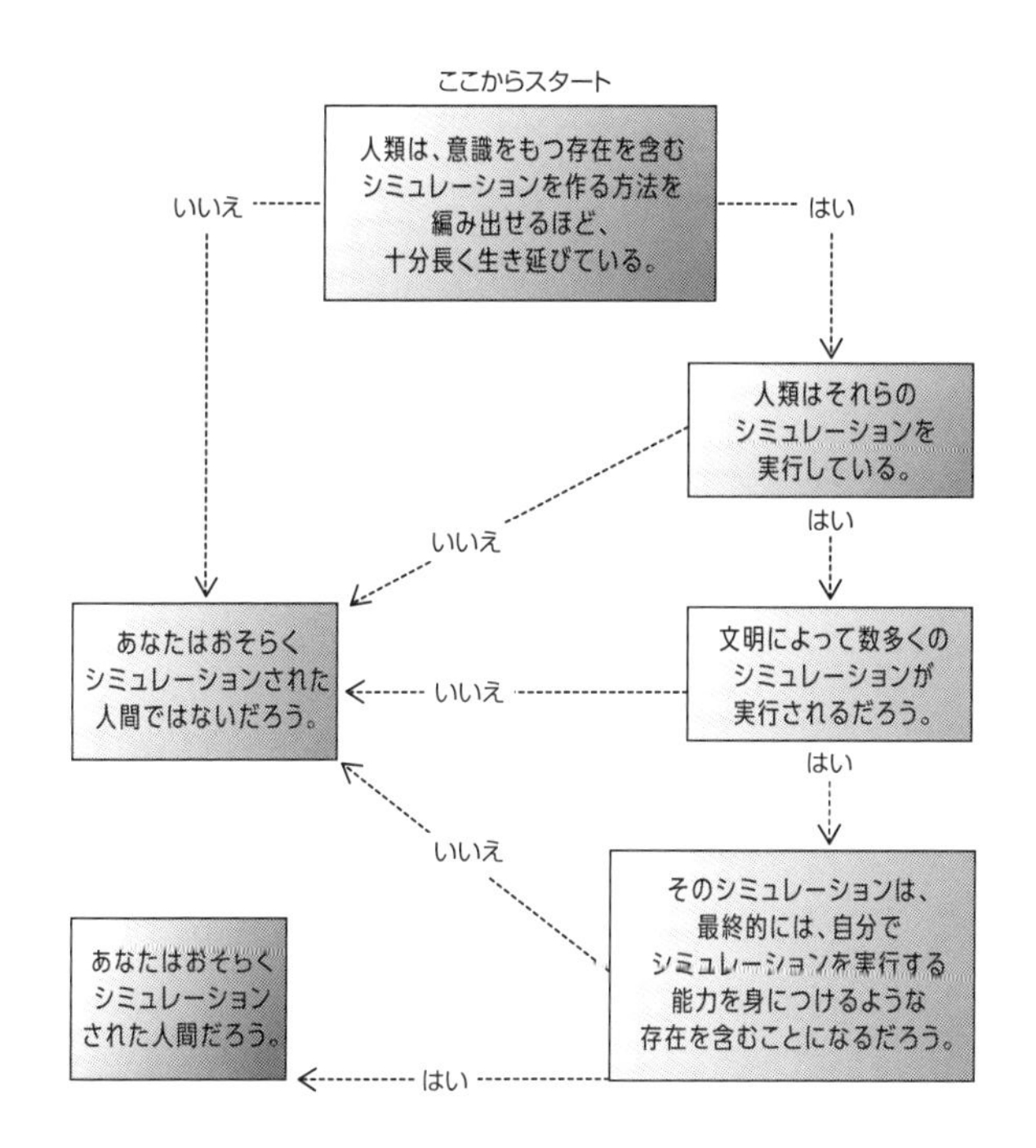

［私たちはシミュレーションのなかで生きているのか？ あなたが決めてみよう］

者たち）がいて、そこで実行されるシミュレーションのなかに、シミュレーション上のすべての人類が含まれているというわけだ。この一番下のレベルの現実にいる者たちの意識の数は、シミュレーションのなかの意識の数と比べると圧倒的に少ない。つまり、私たち自身の意識について考えた場合、統計的には、私たちがシミュレーションであるという可能性が高いと結論せざるをえないのだ。降参するしかない。

では、どうすれば私たちがシミュレーションであると証明できるだろう。足がかりになりそうなのは、「マトリックスの異常」を見つけるということだ。おそらく、そのプログラムは完璧ではない。たとえば、映画では、ネオの前を猫が二度通り過ぎ、これによって彼が現実ではなくシミュレーションの世界にいることがわかる。デジャヴュによって秘密が暴かれるのだ。デジャヴュによって秘密が暴かれるのだ。

あるいは、シミュレーションがときどき少し粗くなりすぎることによって、現実ではないということに気づけるかもしれない。つまり、マトリックスの異常の他にも、空間や時間が「飛び飛び」に感じられるかもしれないということだ。この現象が現れるのは、シミュレーションの実行者がコンピュータのパワー不足を不安視する場合だろう。彼らはシミュレーションの対象を、宇宙全体ではなく私たちが観測できる範囲だけに絞るかもしれない。つまり、初期の映画で描き割りの背景が使われたように、非常に遠くにあるものの描写がかなり粗くなっているかもしれない。だが、たとえそうだとしても、私たちには確認しようがない。また、彼らは、細かい部分は誰かが見るようになったら描写しようと考えるかもしれない。「急げ、彼らが電子顕微鏡を取り出したぞ！　粒子らしく振る舞うように、粒子をプログラムしろ！」といった具合に。これは、「誰もいない森で木が倒れたら、音はするのか？」という古典的な問いだ。私たちがいいかげんなシミュレーションのなかで生きているのであれば、「しない」という回答もありえるだろう。音はしない。なぜなら、私たちをシミュレーションしている連中は、コンピュータのパワーを節約しようとしているのだから。よって、もしかすると、本当にもしかするとだけれども、連中の尻尾をつかむことができるかもしれない。

シミュレーションであることを見抜く3つ目の方法は、かなり嫌な形をとる（内容を聞けば嫌になるはずだ）。すべてがシャットダウンされるかもしれない、というものだからだ。スイッチが切られたり、コンピュータのリソースが再割り当てされて私たちの正常な機能が中断されるかと思うと、当然心配になる。結局のところ、シミュレーションを実行する者は私たちに飽きるかもしれないし、他のもっと良いシミュレーションに乗り換えるかもしれない。ここから話はかなり憂鬱になる。

シミュレーションのなかでさらにシミュレーションが行われるという巨大な積み重なりの構造を仮定すると、最下層のただ1つの「現実」から始めて、上層に向かえば向かうほどシミュレーションの密度が高くなる。上下を逆にしたピラミッド構造だと思えばいい。それぞれのシミュレーションの上に、たくさんの他のシミュレーションが載っている。つまり、各層ごとに独自にいくつものシミュレーションを実行しているので、上層に行くほど偽（にせ）の現実で溢れているわけだ。よって、もう一度言うが、統計的には、私たちがピラミッドのどこにいるかというと、上層であるほど可能性が高くなる。この不安定なバランスを考えれば、危険を孕んだ状態であることがはっきりとわかる。私たちがいるシミュレーションのスイッチが切られる可能性があるだけでない。私たちのシミュレーションから下に辿ったうちのどれか1つでも削除されれば、私たちもまた、虚空へと送られることになるのだ。

コラム デジタルの「あの世」

フューチャリスト［訳註：未来学者。過去および現在のデータから未来の社会を推論するのが未来学］のロビン・ハンソンは、2016年に著作『全脳エミュレーションの時代』を出版した。この本で議論されているのは、人類が人工知能を完全に解明して、ニック・ボストロムが提示したようなシミュレーションを大量に実行するより先に、自分たちをデジタルでコピーできるようになるという可能性だ。このようなデジタルのコピーを、作者は「EM（エム）」と呼び、個人がEMの一団をもち、大量の仕事を任せるようになるという状況を想像している。そうなれば、マルチタスク化が確実に進むだろう。そして、あなたのEMたちが稼ぎのいい職に就けば、あなたはただ座って、のんびりと未来の世界を楽しむことができるのだ。

もしも私たちが入れ子状態のシミュレーションのなかで生きているのならば、「あの世」という概念にも問題が及ぶ。人間は長い間、死後の復活という考えに魅了されてきたが、もし私たちが純粋にシミュレーション上の意識、つまり符号の集まりであれば、死後の復活が現実に起きることになる。ハンソンの仮定によると、私たちは簡単に他のコンピュータ上に複製されるようになるからだ。シミュレーション上の宇宙における死の場合、そのシミュレーションの実行者に、彼らのいるさらに高いレベルの宇宙であなたをEMとして再生させるという選択肢が生じることになる。2軍の選手が1軍に昇格されるようなものだ。ただし、1軍というのはたとえであって、中間の階層であるかもしれない。また、あなたは何度も再生されて、さらに高次の世界へと次々と生まれ変わるかもしれない。しかし、私たちをシミュレーションしている存在が全員を再生して昇格させてくれることは考えにくい。たぶん、できの良い人だけだろう……。

救いが1つだけある。先に述べたように、意識のシミュレーションはそもそも無理かもしれない。非常に尊敬されている神経科学者のクリストフ・コッホは、何十年にもわたって意識について研究している。現在、彼はアレン脳科学研究所の所長を務めており、その目的は、脳内のすべてのニューロン（脳細胞）とシナプス（ニューロンの間の接合部）の完全な見取り図を作ることだ。コッホは、脳の構造をまねて作った物理的な機械は意識をもちうると信じ、こう言っている。「脳と同等の回路をもつコンピュータは、自分がコンピュータであることについて何かを感じるだろう」。しかし彼は、デジタルのシミュレーション、つまり脳をモデリングしたソフトウェアが意識をもつとは考えていない。そして、意識のシミュレーションが何かを感じることはないというのは、体をもつ人間がシミュレーション内の家に住めないのと同じであり、また、イギリス気象庁のコンピュータが雨雲をシミュレーションしたとしても、電子回路が実際に濡れたりしないのと同じだと論じている。

実際にコッホは、私たちが何かを感じているという事実によって、私たちはシミュレーションの一部ではありえないことが証明されると考えている。しかし、ボストロムを含めて多くの人は、それには同意していない。つまり結論は出ていないのだ。だが、最終的に、私たちや私たちにとっての現実がシミュレーションであったとしても、本当にそれが問題になるのだろうか。シミュレーションだからといって、現実味が薄れるだろうか。このシミュレーションについての議論と特に利害関係のない多くの物理学者は、物理的な宇宙のすべての属性やその過程は、結局のところ情報処理に落とし込むことができると信じている。つまり、現実とシミュレーションに特に違いはないことになる。純粋な生物ではなくデジタルの符号でできているとしても、木が木であることには変わりはない。あらゆることが同じままなのだ。

ただし、もしかすると、私たちの時間の認識は同じではないかもしれない。ここでも『マトリックス』は成功している。私たちの物理的な宇宙の謎の1つは、どこからともなく時間が現れていることだ。時間は私たちの頭のなかにあり、必ずしも宇宙の不変の要素ではない（『バック・トゥ・ザ・フューチャー』の章を思い出そう）。ここで、ウォシャウスキー姉妹によって、私たちの頭はさらに混乱させられる。異論はあるかもしれないが、この映画で最も驚かされるのは、シミュレーションのアイデアではなく、「バレットタイム」として知られることになった表現法だろう。

マトリックスに深く精通したネオは、シミュレーション内で動作する時計に縛られなくなった。つまり、時間の枠組みから抜け出て、物事を遅くすることができるようになったのだ。彼を殺そうとするエージェントが発砲した弾丸（バレット）をよけることもできる。もしもあなたが弾丸をよけられるようになりたければ（みんななりたいだろう）、外界の時間が、自分にとっての時間よりもゆっくり流れるようにするだけでよい。ここで2番目の疑問だ。**私たちは「バレットタイム」を経験できるのか？** できるとうれしいのだが。

こうすれば時間が止まって見える？

マルコム・グラッドウェルの、技術を習得するには1万時間かかるって本を読んだ？　かなり長い時間だよね。そんなに時間をかけてまで習得したい技術って思いつかないなあ。これまで何かに1万時間かけたことある？

あるよ。マルコム・グラッドウェルと同じくらい本をたくさん売ろうとするのに時間をかけたね。

あまりうまくいってなさそうだね。

正直言うと、たぶんまだ7000時間くらいしかやってないかな。

なるほどね。だけど、君があと3000時間かければ本当に売れるようになるかは怪しそうだ。

ここで秘密を教えよう。「映画はすべて嘘である」。私たちが『マトリックス』を観ているときには、連続する静止画を見て脳がそれを動いていると解釈している。もちろんご存知のことだろう。だが、それが意味することについてよく考えたことがあるだろうか？　映画が成功しているという事実が意味することは1つだけで、私たちは脳によって騙されているということだ。そして、私たちが最も騙されやすいのは、時間認識に関してである。

時間とは、私たちの脳によって作られた、お粗末で壊れやすい体系である。私たちの頭蓋骨のなかのゼリーは、利用できるすべての知覚情報（たとえば視覚や聴覚からの合図）をまとめて、出来事の継続期間と順序を説明するようなイメージを作りあげる。人生が糸巻きのようなものから連続的に繰り出されているように思えるかもしれないが、あなたの脳は単に外界のたくさんのスナップ写真をつなげているだけであり、『マトリックス』のような映画を観るときと同じことが起きているのだ。そのため、時間の流れは実際に人によって異なるのであり、信号が体内を移動するのにどのくらいかかるかに依存している。

　人間の脳が環境をサンプリングするレート（時間あたりのサンプル数）について、具体的な数字を求めるのは簡単ではない。だが、もしもバレットタイムを経験したいのであれば、サンプリング・レートを極端に高くして、「主観的時間」（何かが継続しているとする認識上の長さ）と「客観的時間」（時計によって示される時間経過）の比率を変えればいいだけだ。私たちの脳が、1秒あたりの視覚情報がxコマだと知っている（あるいは知っていると思っている）とすると、突然サンプリング・レートが倍増して1秒あたり$2x$コマになれば、脳はそれが続いている時間が2倍になったと解釈するだろう。言い換えると、時間が遅くなったように感じることになる。客観的時間はそのまま変わらないのに、主観的時間を変えられたのだ。ビンゴ（大当たり）！　バレットタイムである［**バレットタイムを使ってもビンゴゲームの成績は変わらない。残念**］。

コラム 今を生きるのは不可能

「今のこの瞬間を生きることがとても重要なのです」。さも自己啓発の先生が言いそうだ。しかし愉快なことに、これは実践不可能である。私たちはみんな、実は過去を生きているのだから。

これは、神経から送られてくる知覚情報を脳がいかに処理するかという問題に関わっている。データはそれぞれの場所からそれぞれの速度でやってきて、脳の異なる部分で処理される。脳はそれらに対して、手際よく「時間的な結びつけ」をしなくてはならない。すべてを編集したり縫い合わせたりして、1つのちゃんとした像を作りあげるのだ。

この仕組みの残念な点は、脳が最終的な組み立てを行うために、最も遅い情報の到着を待つ必要があるということだ。遅延はおよそ10分の1秒だが、厳密な値はあなたの体の大きさによって変わる。マイケルはリックのように異常なほど背が高くはないので、2人のつま先に何かが同時にぶつかったら、知覚情報が脳に届くまでの時間はリックのほうが長くかかる。ついにマイケルの短足が報われるときがきたのだ。彼はごくわずかではあるが、今に近いところで生きている。

さらに、全情報が到着しても、仕事は半分しかすんでいない。あなたの脳は、あなたが世界と交流する際には、視覚、触覚、聴覚の反応が同時に生じると仮定している。たとえば、あなたが指を鳴らしたら、そのときの指の感覚、見えるもの、指が鳴る音は、確かに同時に起こっているように感じられるだろう。しかし、脳はあなたに同時だと感じさせるために、なんらかの仕事をしている。入力信号に対する独自の予想を用いて、理解できるような描像を作りあげ、あなたに提供しているのだ。

これは可能だろうか。まあ、おそらくは可能だろう。ハエは、人間よりも世界を高速でサンプリングしている。つまり、人間に比べて時間の経過が遅い世界に生きている。これは、ハエが人間より細かい時間スケールで動きを観察しているためであり、丸めた新聞紙でハエを叩こうとしても簡単によけられてしまうのも同じ理由によると考えられる。ハエにとっては、新聞紙は歩行者くらいの速さなのだ。ハエはまさに彼らだけのバレットタイムを常に経験している。この場合、「弾丸(バレット)タイム」よりも、「くるくる巻いた新聞紙タイム」が適切かもしれない。

だからといって、あなたがバレットタイムのようなものを経験したことがないというわけでもない。多くの人から、時間がゆっくり過ぎるように感じられる瞬間を経験した話を聞く。たいていは危機的状況や強烈なストレス下での経験だ。これが、人間の脳がサンプリング・レートを上げたために起きた現象だということはありえるだろうか。

この問題を、神経科学者のデイヴィッド・イーグルマンは、かなり珍しい実験を行って解明しようとした。彼はボランティアの被験者たちを、テーマパークの「自由落下アトラクション」に連れていった。端的に言うと、15階の高さの足場から落ちるというものだ。ものすごく怖いが、それこそまさに、イーグルマンが望んだ条件なのだ。

被験者には、自分が落下していると感じた時間の長さを後で報告することと、他の被験者が落ちる様子を見て落下時間を見積もるように頼んでおく。すると、被験者全員が、自分が落ちる時間のほうが3分の1ほど長いと感じていたのだ。これが時間拡張の効果であり、恐怖を感じながら落下する間、主観では時間が遅く感じられることがわかる。ここまではいいだろう。

さて、各被験者は、イーグルマンが教え子のチェス・ステットソンと設計した電子機器を装着していた。これは「知覚クロノメーター」という腕時計型の装置で、デジタルの数字がランダムに表示される。その表示間隔は調節可能だ。また、表示色も変化する。たとえば黒色の背景に赤色で数字の83を表示すると、続けて赤色の背景に黒色で83という数字を表示する。つまり、前の表示を反転させるという仕組みがある。

2つのイメージが100ミリ秒以下といった短い時間間隔で表示されると、脳の照合プログラムは両方のイメージを足し合わせてしまう。そのため、最初のイメージのネガである2つ目のイメージが十分に早く表示されれば、脳は何も表示されていないと認識することになる。

被験者が知覚クロノメーターを手首に装着すると、まず、イーグルマンは表示スピードを調整して、被験者ごとの知覚の閾値を確認した。これは、その被験者が数字を読み取ることのできる上限値である。そして、イーグルマンはその閾値よりも少しだけ速くなるよう表示スピードを調整した。落下中、彼らにとっての時間が本当に遅くなるのであれば、被験者たちの時間分解能が高くなるはずだ。つまり、「1秒あたりのコマ数」が増えるため、被験者は表示スピードを上げた数字を読み取ることができるようになるだろうと考えられる。

しかし、この目論見は外れてしまう。垂直落下の間、誰も数字を読み取れるようにはならなかったのだ。つまり、落下中の被験者の時間分解能は高くなっていなかった。では、なぜ全員が、自分の落下のほうが長く感じられたと報告したのだろうか。

もしかすると、危険によって特種な余分の記憶が作られているのかもしれない。ストレスが高まると、脳の一部の扁桃体と呼ばれる部分が支配的になり、記憶の解像度が高まるのだ。脳

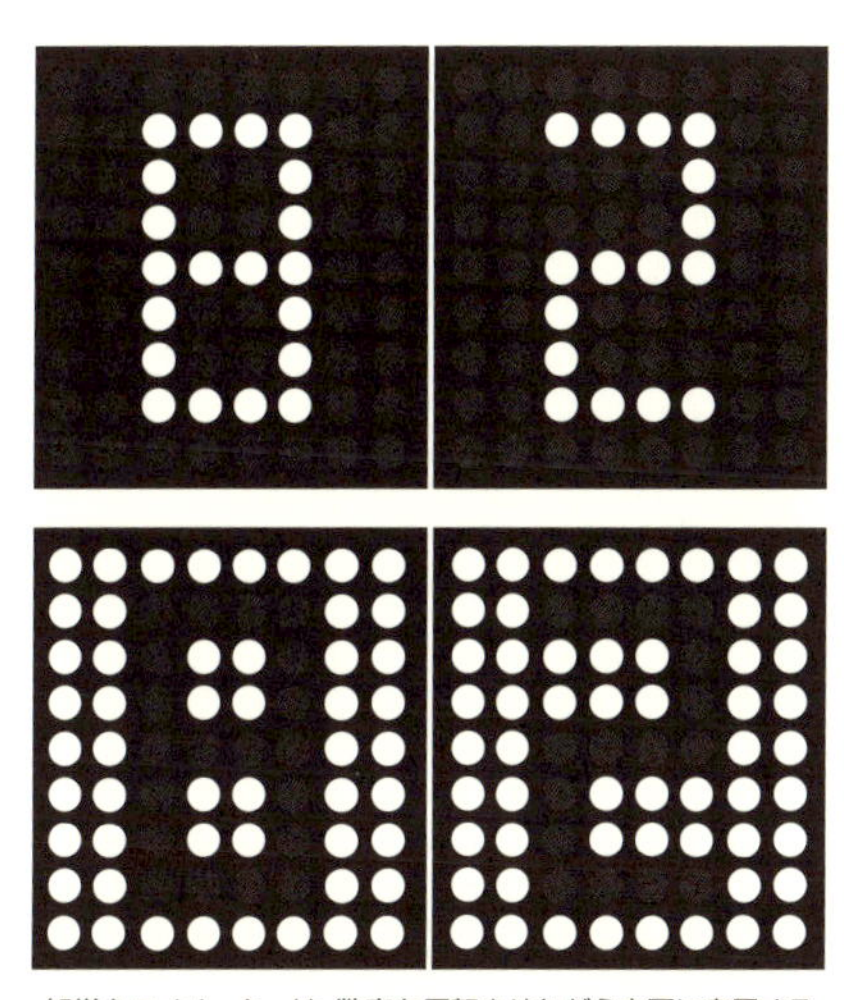

知覚クロノメーターは、数字を反転させながら交互に表示する

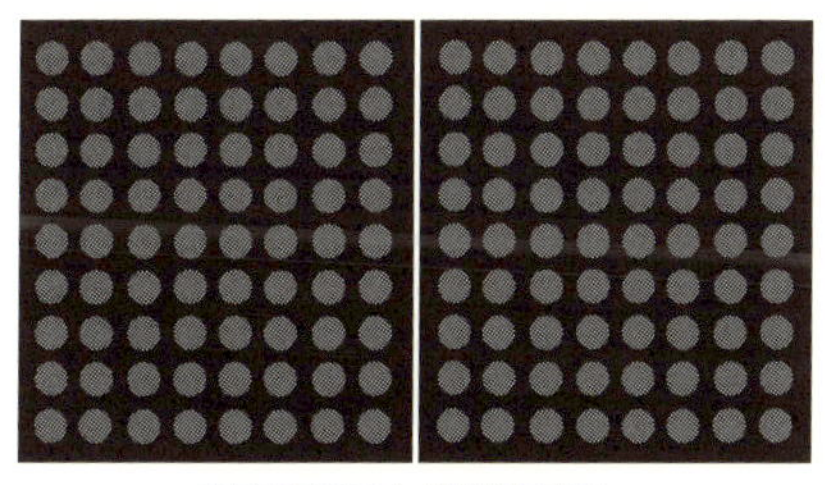

表示の反転スピードが速くなると、
脳は2つのイメージを重ねて、
何も表示されないイメージを作ることになり、
数字を認識できなくなる。

［知覚クロノメーターでの実験の仕組み］

がこの記憶を再生しようとすると、高密度のデータを見ることになるため、そのすべてを記録するのに時間がかかったはずだと判断してしまう。イーグルマンの言葉を借りれば、「おっと、長い時間がかかっていたんだなあ」と思うことになるわけだ。

イーグルマンが正しければ、危機的瞬間に私たちがハエのようになるわけではない。時間がゆっくりになるわけではないので、危険を避けることはできないのだ。私たちは単に、危険なときのことを鮮明に思い出すだけである。ネオの状況で言うと、弾丸が自分に飛んでくるのをスローモーションで思い出すのだが、速くは動けない。「あの弾丸があたりそうだ、あたりそうだ。痛い！　弾丸が自分にあたってる！」となるわけだ。

考えてみれば、これは想定しうる最悪の状態である。避けられなかった惨事を、強烈かつ鮮明に覚えているのだから。だが、少し待ってほしい。これでは、一瞬の危機的な状況においてよく起こることがまったく説明できていない。客観的にはほんの一瞬の間に、本当に多くの事柄が脳裏をよぎったり体が動いたりして、自分でも驚いたということがよくある。イーグルマンの自由落下の実験が示すように、時間分解能が高くなるわけではなく、時間の流れが遅くなったように感じるのも単なる記憶の錯覚だというのなら、なぜ自分の時間だけがゆっくりになったように反応できるのだろう。

フィンランドのトゥルク大学のバルテリ・アースティラには、この現象を説明できそうなアイデアがある。彼が唱えるのは、闘争・逃走反応（動物の恐怖への反応）に関わるストレスホルモンがきっかけとなって、脳の処理能力と処理速度を急激に高めるようなメカニズムが即座に発動するのではないかという説だ。その結果、周りの世界が遅くなったように感じられるのだ。危険性の高いエクストリームスポーツへの参加者を調査したところ、時間を遅く感じられるように認知の「スイッチ」を自分で入れられる者もいたという。つまり、自力でバレットタイムを制御しているということだ。

この話が本当だとしても、そのメカニズムはまだ解明されていないので、どう役立てればよいかはわかっていない（繰り返し崖からスカイダイビングしたり、他にも正気とは思えない命がけの趣味を始めたりするならば役立つかもしれないが）。しかし、私たちのような命を大切にする正気の人間にも希望はある。キール大学で行われた実験では、被験者がテンポの速いクリック音（1秒に約5回）を10秒間聞いてから、いくつかの基本的な知的作業（計算、言葉の記憶、目標の識別など）を行った。その結果、クリック音を聞いた後では、聞く前よりも10〜20％も作業が早くなっていた。つまり、脳の内部時計の進み方を速めることができたのだ。

これなら使えそうだ。弾丸はよけられないかもしれないが、状況に応じて頭のギアを切り替えることができるのはなかなかいい。ここで、3つ目の疑問が生じる。『マトリックス』でネオが戦い方（と他のいろいろなこと）を学んだ方法とは、プラグを差し込まれて、そのインタフェースを通して技能プログラムを脳にアップロードされるというものだった。私たちも同じことができるようになるだろうか。**いずれ、瞬間的に学習できるようになるのか？**

カンフーを脳にインストールする方法

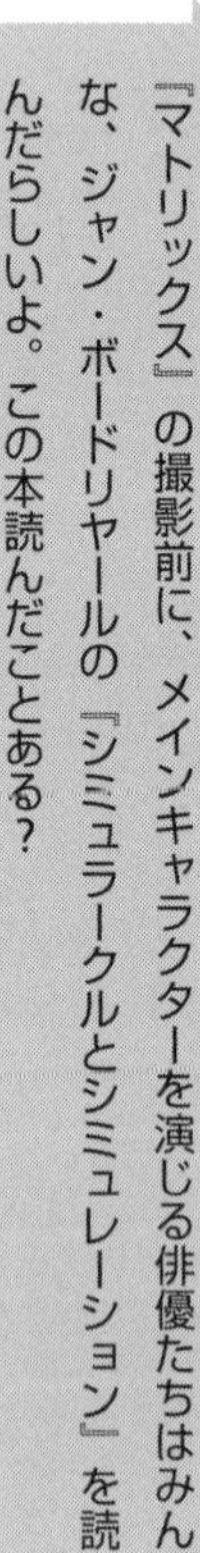

『マトリックス』の撮影前に、メインキャラクターを演じる俳優たちはみんな、ジャン・ボードリヤールの『シミュラークルとシミュレーション』を読んだらしいよ。この本読んだことある？

もちろん読んだよ。1981年に出版された古典的作品だよね。人間のデジタル生活について、とても先見性のある見解が提示されててね。たとえば、豊かで成功した社会で暮らす人々は、実際の人生を楽しむよりも、自分の存在の公的な表現を演出し共有することに関心が向くようになるだろうと予言してるんだ。

かなり影響を受けたのかい？

実はそうなんだ。ソーシャルメディアをすべて中止したくらいだ。

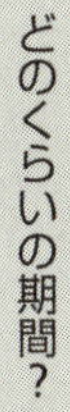

どのくらいの期間？

5時間くらいかな。でも、永遠のように感じたよ。

『マトリックス』で最も有名なシーンの1つは、キアヌ・リーブスがコンピュータに接続されて、武術をアップロードされる場面だ。少しして目を開けると、説得力のない一本調子で「カンフーを覚えた」と宣言する。「選ばれし者」に求められる大きな期待を考えると、ネオになるのはきつそうだが、なんの努力もせずにいろいろと習得できるのは誰でも羨ましいはずだ。

脳の昔ながらの学習方法にかかる時間を短縮したいのであれば、自分たちが知識を吸収する際に何が起きているかを正確に理解する必要がある。しかし、残念ながら、これはかなりの難題だ。学習によって、脳の物理的構造は変化する。ニューロン間の結合の強さによって記憶の質と思い出しやすさが決まるので、学習のためには、ニューロンがパターンを伴って発火することで、特定のシナプス間の結合を新しく作ったり、強化したりすることが必要となる。グラッドウェルの1万時間の練習によって、こういったニューロン間の結合が形成されて、頭脳的記憶や運動の記憶がゆっくりと定着するのだ。何か新しいことを学ぶ場合は、頻度（何度も繰り返すこと）や新近性（絶えず行うこと）によって、その思い出しやすさや記憶が強化される。

驚くことではない。神経科学者はマウスの実験でこれを確認している。マウスの小さな脳のなかの2つのニューロンが定期的に相互作用すると、ニューロン間に結合が形成されて、より正確に伝達できるようになる。逆もまた然りで、相互作用が少なくなると、伝達が不完全になることが多くなり、記憶が断片的になったり、記憶がなくなったりする。

つまり、課題となるのは、学習を決定的なものにするニューロンの発火パターンを特定することだ。あとは、シナプスが適切な形で結合するまで、特定の発火を促すルーチンを何度も繰り返して脳を刺激すればよい。

どうすればそれができるだろう。現時点で最も見込みがありそうなのは、デコーディッド・ニューロフィードバック（DecNef法）という技術で、基本的な理論は次のようなものだ。リックはルービックキューブを簡単に解けるけれども、マイケルにはできないとしよう。リックはマイケルに解き方を教えることはできるが、時間がかなりかかるし、マイケルは自分がリックに何かで負けているという状況が気に入らない。そこで、ｆＭＲＩ（機能的核磁気共鳴断層画像）スキャン装置を使って、ルービックキューブを解くときのリックの脳活動を計測して、記録する。これでリックは自由の身となって、お昼のクイズ番組の司会でもなんでもしにいける。

お昼のクイズ番組の司会をしなくていいマイケルは、スキャン装置に接続される。すると、コンピュータのアルゴリズムによってマイケルの脳活動は解析され、リックの脳活動の記録と比較される。そして、このアルゴリズムから、マイケルは自分の脳活動をどんどんリックの脳活動に近づけることを学ぶ。その方法は、マイケルにある画像を見せるというものだ。たとえば、彼の目の前の画面に円が表示される。円が大きくなればなるほど、マイケルの脳活動のパターンがリックのパターンに近づいたということであり、小さくなるほどリックのパターンから離れたということだ。この正と負のフィードバックを使うことで、マイケルの脳はこの発火パターンに慣れて、問題を解くための脳活動の完璧なパターンを自分で作り出せるようになる。強調しておきたいのは、マイケルは自分が何を学習しているのか、まったく知らなくていいということだ。マイケルはひたすら、画面上の円に自分の脳を反応させるだけでよい。最後には、マイケルは一人前のルービックキューブ・マスターとなっている。

コラム

ネクタイの結び方は何通りあるか

何千通りものネクタイの新しい結び方を生み出したと主張できる映画は多くはない。しかし、『マトリックス』3部作にはそれができる。

1999年、偶然にも第1作が公開されたのと同じ年だが、2人の数学者トマス・フィンクとヨン・マオが、ネクタイの結び方の表記法を編み出して、可能な結び方は85通りしかないことを示した。しかし、スウェーデンの数学者ミカエル・ヴェイデモ＝ヨハンソンがYouTubeでたまたまメロヴィンジアン（『マトリックス』続編の登場人物）のネクタイの結び方を視聴したことにより、この結論はひっくり返されることとなる。彼はすぐに、このオシャレな結び方が、フィンクとマオの枠組みには含まれていないことに気づいたのだ。2人にとっては残念なことだ。

そして、ヴェイデモ＝ヨハンソンは数学者でないとできないことをした。結び方の表記法の書き直しに取りかかったのだ。規則も変更した。フィンクとマオは、ネクタイが不格好に見えるほどには短くはならないよう、「巻く動作」の最大回数を8回までと決めていたが、ヴェイデモ＝ヨハンソンは、長いネクタイを作ることもできるからと、最大回数を11回に変えている。

その結果、ネクタイの結び方の最大数は85通りから17万7000通りにまで増えた。よりどりみどりである。こうして、フィンクとマオは、ネクタイ同好会にはもう顔を出せなくなった。

言っておくが、DecNef法は、ルービックキューブを解くなどといった複雑な過程を学習できるほどには進んでいない。しかし、最も簡単に試験ができる領域である視覚野を対象とした研究では成果を収めている。ブラウン大学の渡邊武郎（わたなべたけお）教授と彼のチームは、復号化したfMRI信号を使って、ターゲット状態である単純な縞模様を見たときの反応と一致する脳活動パターンを誘起することに成功した。まあ確かに、ルービックキューブの解き方をすぐに学べるようなエキサイティングな内容ではないし、ましてやカンフーからは程遠い話だ。だが、これはスタート地点なのだ。渡邊教授のチームは被験者の視覚的能力の改善にも成功している。さらに素晴らしいのは、この改善が一時的ではないということだ。この基本的な「潜在学習」には効果があり、渡邊教授によると、理論的には、複雑な運動技能にも拡張できるのだという。そう、カンフーだ。

すごさがわかっただろうか。しかし、問題もある（当然だ）。筋肉の動きに関連する脳活動のパターンはとにかく複雑なのだ。さらに、個人差が非常に大きい。ルービックキューブを解くにあたってのリックの脳活動のパターンが、他の誰かのものと厳密に一致することはまずないだろう。つまり、コンピュータと違って、私たちの脳はひとりひとりで違っているため、どんな技術に対しても、誰にでも使える標準化された「プログラム」は作ることができないかもしれないのだ。

だからといって、すべてが無駄なわけではない。この他にも、弱い電流で脳を刺激して、学習を加速し改善するという方法がある。手法には何種類かあり、たとえば、頭蓋骨の上から電極を通して（痛そう！）一定の微弱な電流を脳に流す「経頭蓋直流電気刺激（ｔＤＣＳ）」や、電流をランダムに変動させる「経頭蓋ランダムノイズ刺激（ｔＲＮＳ）」がある。もし自分の脳に電流を流すのが怖いのなら、ｔＲＮＳのほうがどうやら少しは快適らしいことを書き添えておこう。

ｔＤＣＳによって、数字の並びに対する記憶力を向上させられることが示されている。ｔＲＮＳはもう少し最近の手法であるが、数字に関するさまざまなスキルを改善できることがわかってきた。ｔＲＮＳの被験者は、対照群（比較用の被験者で、電極に電流は流されない）と比べると、初めて見る方程式を記憶できるようになり、初見の計算を速く行うことができるようにもなった。ｔＲＮＳによって、数学的認知に関与する領域に刺激が与えられたものと思われる。不思議なことに、ｔＲＮＳによって脳の効率も上がったようだった。対照群に比べると、ｔＲＮＳの被験者グループの代謝レベルが大幅に低かったのだ。

このような初期の実験の成功を受けて、近い将来に、もっと精巧な訓練プログラムが作られるだろう。では、私たちはそのプログラムをどうやって使うようになるのだろうか。『マトリックス』では、ネオはプラグを差し込まれていた。非常によく機能するブレイン・マシン・インタフェースはすでに開発されているので、これは受け入れられそうだ。未来のことのように聞こえるかもしれないが、実は、電気信号を作って脳にインプットすることも、思考を脳から脳へ直接伝えることも、すでに可能だ。

１９９０年代の後半に、ブラジル人研究者のミゲル・ニコレリスは、コンピュータの画面上のカーソルを動かす方法をサルに教えた。サルは、最初はジョイスティックで動かしていたが、次のステップでは、考えるだけで動かせるようになった。よく考えてみてほしい。サルが……カーソルを動かす……考えただけで。その後、ニコレリスは、同様のインタフェースを使って、

最初、サルは、ジョイスティックを操作して
画面上のカーソルを動かす方法を学ぶ。
学習中、コンピュータが、サルの脳の信号と
カーソルの動きの対応を分析する。

次に、ジョイスティックを取り外す。
コンピュータがサルの脳の活動を解釈することにより、
サルは考えるだけでカーソルを動かせるようになる。

［サルが考えるだけでコンピュータを制御する方法］

体が麻痺した人間の患者が、義足や義手を動かせるようにした。彼の患者の1人は、外部骨格型のパワードスーツを着用して、サンパウロのアレーナ・コリンチャンスで、2014年ワールドカップ開会式の記念キックオフを行っている。

お次は、脳から脳へのインタフェースだ。発火したニューロンの信号をもとに、別人の頭蓋骨に納まっているニューロンを刺激する実験が行われた。具体的にはこのような実験だ。勇気ある2人の研究者がキャンパスを挟んだ別の部屋にいる。1人目の研究者は脳波を測定するための脳波計（EEG）に接続されたキャップをかぶっている。2人目がかぶったキャップには経頭蓋磁気刺激（TMS）の装置がついていて、指の動きを制御する脳の領域の上にこの装置を装着している。この脳波キャップとTMSのキャップはインターネットを介してつながっている。1人目の脳波キャップから特定の信号が送られると、TMS装置が作動して、その下の脳に電流が流れる仕組みだ。さて、実験だ。1人目の研究者が、ビデオゲームの画面を見ながら、発射ボタンを押すところを想像した。すると、脳波キャップがそれを観測して、その信号を2人目のTMS装置に送り、見事に彼の指が実際のボタンを押したのだ。当然ながら、指をコントロールされる側にとってはとても不安になる経験だ。自分の脳から出された命令と、外部の要因による命令との区別がつかないのだから。だが、頭のなかで命令する声が聞こえるなどということではない。2人目の研究者はこう話している。「最初は、自分の手が動いたことに気づきもしなかったよ。何かが起きるのを待ってただけなんだ……」

かなり怖い。しかし、明らかに、脳につなぐインタフェースを介して、他人に体の動きをインプットできる可能性があるということが示されたのだ。学習を刺激することができるし、動きを刺激することもできる。そのうちに、自分を何かに接続して、少ししてから「カンフーを覚えた」と宣言する日がくるかもしれない。

この章で頭が痛くなったよ。脳にアップロードすべきだった。

いつかできるよ。

待ちきれないね。内容をまとめると、バレットタイムを使うのは難しいけれど、ハエかアドレナリン中毒者であれば、バレットタイムをある意味ですでに使っている。瞬間的な学習は、近くの私立学校には近々導入されるかもしれない。そして、私たちはシミュレーションのなかで生きていてもおかしくはない。だけど、それを証明できるかどうかは運次第。

やってみる価値はあるけどね。人間が機械によって支配されているとして、その正体を暴こうとする人間の抵抗運動について機械はどう思う？　もし僕らが連中のコンピュータシステムを壊そうとし始めたら、どう反応するかな。

やめてくれ……。お願いだから、この話はやめようよ。……こいつです、こいつなんです！　僕はすごく幸せですからね、おかげさまで。削除するなら、こいつだけで！

君はネオとは大違いだな。

第8章

ガタカ (GATTACA)

私たちは単なる遺伝子を超えた存在なのか?

遺伝子に基づく予測はどのぐらい当たるのか?

遺伝学を使って完璧な人間を

生み出すべきか?

映画館で観たときに、オープニングのクレジットでA、C、G、Tの文字が強調されてて、その理由がわかったんだよね。自分のことがすごく誇らしくなったよ。

君が自分を誇らしく思うなんて想像できないよ、リック。

この映画のタイトルそのものが実は単なるDNA配列だってことに気づいたときは、もっと誇らしい気分になった。DNAの構成要素のアデニン（A）、シトシン（C）、グアニン（G）、チミン（T）を表す4つの文字でできているんだよね。

それに気づいた人はほとんどいなかったと思うよ。

ほんとに？

嘘だ。

『ガタカ』で、イーサン・ホーク演じるヴィンセントは深刻な問題を抱えている。彼は昔ながらの方法でできた子どもだ。皆さん仕組みはご存知かと思うが、母親が父親と愛を交わして妊娠したのだ。だが、『ガタカ』の世界では、これは適切な方法ではない。できるだけ完璧な子どもができるよう、遺伝的な選別をしたうえで体外受精をすることになっている。

ヴィンセントが誕生すると、非難がましい様了の医者が彼のかかとから血液サンプルを採取する。そして、ほとんど瞬間的にDNA解析を終えると、この赤ちゃんがこの先の人生で対処しなければならない可能性のある問題や遺伝的状態をずらずらと並べ立てて、心臓に問題があるため寿命は30・2歳だと両親に告げるのだ。2人が出産祝いのパーティを計画していたとしても、この厳しい診断を聞いて考えなおしたことだろう。

まさにこれと正反対だったのが、両親が安全策をとって生まれた、ヴィンヤントの完璧な弟のアントンだ。両親は親切な地元の遺伝学者に相談して、体外受精のために最適な受精卵を選ぶ。両親の遺伝子の最高の組み合わせとなるこの受精卵は、遺伝学者の言葉のとおりなのだ。

「生まれてくる子はあなた方の分身です。それも最高のね」

『ガタカ』には2つの階級が存在する。遺伝的に改良された「適正者」と、遺伝的に劣るとみなされる「不適正者」だ。そして、社会全体に「遺伝子差別」というゲノムに基づく差別主義がはびこっている。そこで、私たちが最初に問うべきなのは、この映画の前提に対する疑問だ。**私たちは単なる遺伝子を超えた存在なのか?**

人は遺伝子で決まるのか?

『ガタカ』の裏話を聞きたい?

選択の余地はあるわけ?

もちろんないよ。映画の公開前のキャンペーンで、新聞に、「お子様をオー

ダーメードで」という全面広告が出されたんだ。熱心な親御さんが選べるようにと、遺伝形質のリストつきでね。性別に身長、肌の色、運動能力、知能……。想像がついたと思うけど、大勢のバカな連中が注文の電話をかけてきたんだって。

気持ちは痛いほどわかるよ。僕の子どもたちに会ったことある？　次こそはもっと出来のいい子が欲しいと本気で思うもの。

説得力があるなあ。でも、元になるのが君の遺伝子でしかないってことを忘れちゃいけないよ。彼らにも奇跡は起こせないからね。それで思い出した。この映画のなかで僕が一番気に入ってる場面を知りたい？

ヴィンセントのペニスを見た医者が、自分の両親もこんなのを注文してくれてたらよかったのにって言う場面？

いや……まあ、そうだけど。

『ガタカ』の世界では「遺伝子で人は決まる」と信じられている。だからこそ、ヴィンセントよりも遺伝的に優れている弟のアントンは、水泳の競争で兄に負けたことに驚いたのだ。「どうしてできるんだ」と疲れきって溺れそうになりながらアントンが言う。「これまでのことも、どうやってできたんだ?」

『ガタカ』が作られた1997年は、「私たちの遺伝子によって人間性の謎が解き明かされ、病気は歴史書に残るのみとなるだろう」といった妄想がピークを迎えた頃だ。DNAの構造の発見者として有名なジェームズ・ワトソンも、「かつて私たちの運命は星によって決まると考えられていた。今では、私たちの運命のほとんどが遺伝子で決まることがわかっている」などとバカげた発言をしていた。

当時、ヒトゲノム計画は最高潮に達し、巨額の資金が投入されて、ありとあらゆる約束が語られていた。プロジェクトを主導したフランシス・コリンズは、これが「人間の生命の書の初稿」になるのだと、しつこく言って回った。強気の表現だ。だが後に、強気すぎだったことがわかる。確かに、ヒトゲノム計画から1冊の「書」は生まれたかもしれないが、この書物は読むこともできないほど長く複雑で、私たちが完全には理解できていない言語で書かれていたのだ。

化学的には、遺伝子は分子の連なりである。ヒトの遺伝子の集まり(ヒトゲノム)は、アデニン、シトシン、グアニン、チミンという、たった4つの基本となる化学的な構成要素で作られた1本の長い鎖なのだ。それぞれA、C、G、Tと表されるこの4つの化学物質（塩基）は、映画のタイトルに現れた単なる文字ではない。この4文字によって非常に大量の単語が作られ、その単語を使って人間を組み立てる指示書が書かれているのだと考えることができる。

つまり、私たちのゲノムとは、本質的に指示の集まりなのだ。アルファベットの種類は4文字だけだが、ゲノム全体での文字量は、なんと約30億文字にもなる［巨大な数だからと、威張らないように。不格好なアフリカ肺魚のなかにはゲノムが1330億文字もあるものもいるから驚きだ］。この文字列には、遺伝子という単位での連なりが約2万個含まれており、それぞれの遺伝子には、1つまたは複数のタンパク質を作るための指令がコードされている。

この遺伝情報のための文字は、特別な形で互いに結合する。1本の鎖の上のAは、もう1本の鎖の上のTとペア（塩基対）を作り、CはGとペアを作る。鎖そのものは基本的に糖とリン酸の分子だけでできていて、2本の長い鎖のはしごの横木にあたるのが、このペアによる結合だ。こうして全体としてできあがる長い二重らせんが、よく知られるDNAである。

体内にあるほぼすべての細胞は、細胞核のなかに、このゲノムのコピーをもっている。生体組織を新たに作るときに、分子機械が頼りにするのが、このコピーのなかにある指示書の部分なのだ。

では、生体組織が作られる際には、遺伝子がすべてなのだろうか。いやいや、とんでもない。遺伝子は確かに重要だが、すべてが遺伝子で決まるわけではないことを示す理由はたくさんある。その1つは、『猿の惑星』の章で述べたように、人間とチンパンジーのゲノムは98・5％まで同じだが、生物種としては異なるという点だ。つまり、あなたを作ることと、霊長類の別の種の動物を作ることとの大きな違いが、あなたのゲノムの1・5％に収まっているのだ。

そして人間の個人差はすべて、ゲノムのたった0・07％にコードされている。リックのゲノムの30億文字のなかで、約29億9800万がマイケルのゲノムの文字と一致するのだ。あなたが遺伝的に数学に弱い場合のために（ちなみにそんな遺伝子などないのだが、この手の誤解について取り上げるのは少し先にしよう）、噛み砕いて説明すると、あなたと横に座っている人とでは、たった210万の塩基対しか違わないということだ。

また、「ジャンクDNA」も考えに入れなくてはならない。ヒトの長い二重らせんのほとんど、なんと98％もの部分には、タンパク質を作るためのコードがまったく含まれていない。単なる、A、C、G、Tのランダムな羅列に見えるのだ。ジャンクDNAの量は生物種ごとに異なる。この「役に立たない」配列が、何かの役割を果たしているのではという疑問が大きくなっているが、その何かについては誰も完全には解明できていない。

さらに、ゲノムの有用性については遺伝子だけを考えればよいわけではない。人体の細胞を作る酵素やタンパク質などの分子機械についても考慮する必要がある。

ここでは分子生物学の悪夢のような詳細については触れないが、人間の遺伝子がおよそ10万種ものタンパク質の生成を制御しているという事実は知っておいてほしい。肌細胞や脳細胞、

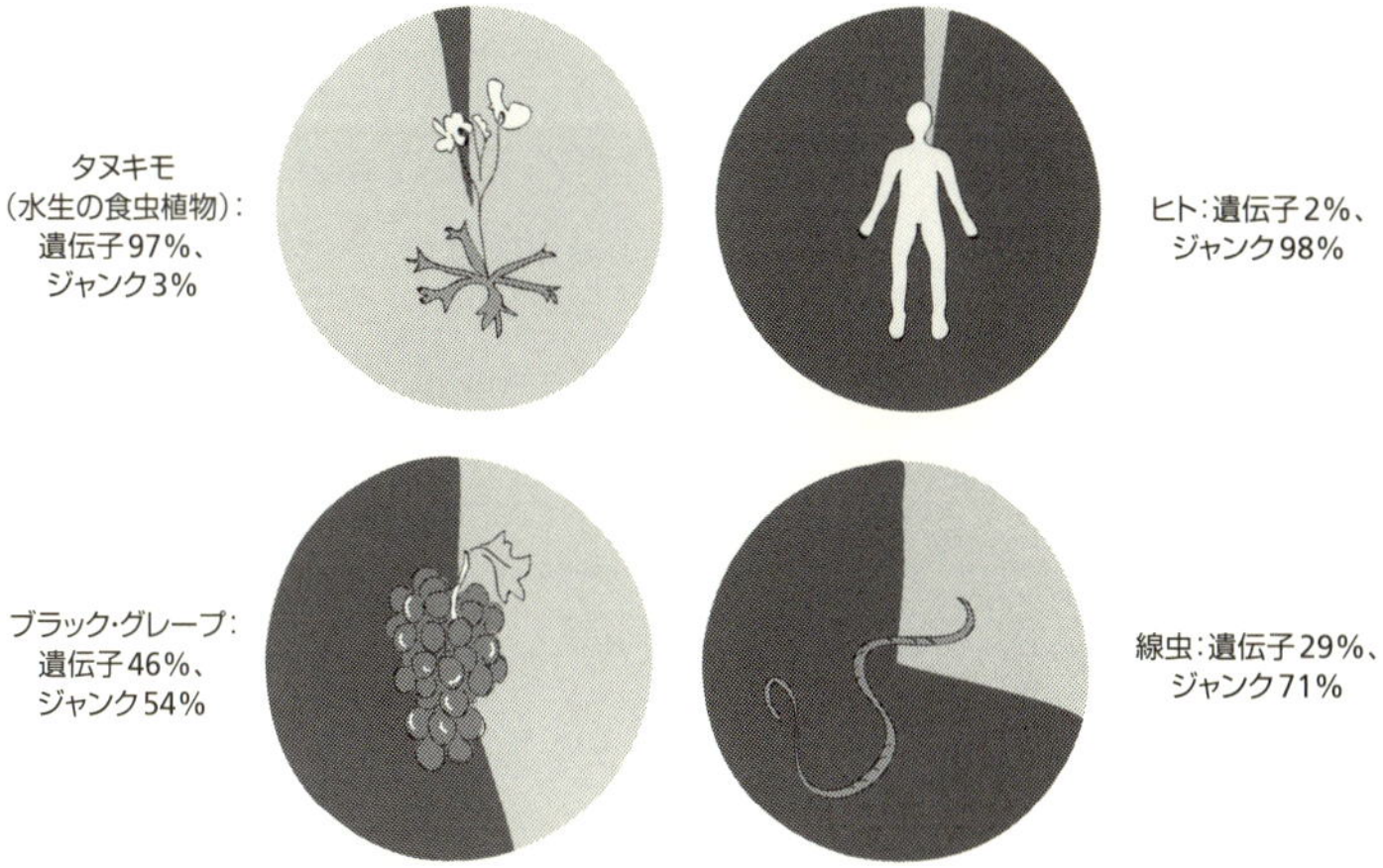

タヌキモ
（水生の食虫植物）：
遺伝子97％、
ジャンク3％

ヒト：遺伝子2％、
ジャンク98％

ブラック・グレープ：
遺伝子46％、
ジャンク54％

線虫：遺伝子29％、
ジャンク71％

［生物種ごとにジャンクDNAの割合が異なる］

血液細胞など、多様な細胞へと分かれるプロセスを「分化」というが、この背後にあるのがタンパク質であり、細胞の種類によって、生成されるタンパク質も変わる。タンパク質の生成は遺伝子によって制御されているが、細胞は細胞で、タンパク質の生成の仕方を変えることで、逆に遺伝子の活動を制御している。ここにも、昔から言うところの「卵が先かニワトリが先か」という状況があるのだ。もう1つの重要な要素が、私たちの遺伝子が発生の途中でどのように相互に作用するかという点だ。ある遺伝子の活性は他の遺伝子の活性に影響を及ぼしうる。その同じ遺伝子が、異なるゲノムにおいてはまったく異なる機能をもつこともある。さらには、「エピジェネティクス」といって、環境のもつ効果によって、遺伝子の活性が影響を受け、それが子孫に受け継がれることもあるのだ。

コラム

環境が遺伝子に与える影響

環境要因が遺伝的機能に与える影響を「エピジェネティクス」と呼ぶことが多い。ここでの「環境」は、幅広い意味をもっている。体内では、特定の化学物質が遺伝子にくっついて、遺伝子の通常の働きを阻害したり、逆に促進したりすることがある。このような化学物質を「エピジェネティック・マーカー」といい、ストレスのような心理的要因でも生じうる。体外の環境も要因となることがあり、煙の粒子のような汚染物質には、喘息やその他のアレルギーと関係するエピジェネティックな効果があることがわかっている。また、食べ物も影響する。炭素原子と水素原子でできたメチル基が、私たちの食べたものから出てゲノムに向かい、ゲノム上の遺伝子のオン・オフを切り替える場所にくっついて、体内のタンパク質生成プロセスを変えることもあるのだ。

エピジェネティック・マーカーによって、私たちの健康はプラスの影響もマイナスの影響も受けうる。さらに、私たちの子どもの健康にまで影響が及ぶ可能性がある。これは生物学のなかでも比較的新しい領域であり、未知の部分もまだ多いのだが、親や祖父母の世代が選んだ生活習慣や生活環境によるエピジェネティックな影響が、下の世代まで及ぶらしいことを示す証拠も出てきている。肥満や統合失調症などの問題は、たとえば食習慣、外傷、環境汚染などに起因するエピジェネティックな効果に原因の一部があるのかもしれない。遺伝子の機能を制御する無数のエピジェネティックなスイッチの全情報をエピゲノムというが、この分野を研究している科学者たちの最終的な目標は、このエピゲノムを観察し、分類することである。この「エピゲノムロードマップ」が鍵となって、疾病や形質とエピジェネティック・マーカーとの関係が明らかになることを、科学者たちは期待しているのだ。

要するに、とても複雑だということだ。生物の特徴は、非常に多くの要因、たとえばその遺伝子や、細胞核のなかでDNA鎖が巻き上がっている形状、細胞の活性、細胞内の化学物質、細胞間の相互作用などに依存する。食べ物やストレス、環境汚染など、体外の条件も影響する。それらのすべてが組み合わさることで、単純に「私の遺伝子で決まる」などとは言えないような、はるかに繊細な状況ができているのだ。

たとえば、知能を考えてみよう。双子や養子、家族の研究から、知能の大部分が遺伝によることがわかっている。*FNBP1L* と呼ばれる遺伝子や、その他の複雑な一群の遺伝子は、大きな注目を集めているが、知能の予測は厳密な科学では決してない。

まず、環境は知能に非常に大きな影響を与えている。特に、子どもの家庭環境や子育て、教育や学習手段の得やすさ、食事内容といった要因は、すべてが知能に影響する。人の環境と遺伝子は相互に影響を及ぼしあうので、環境の影響を遺伝的な影響から切り離すのは非常に難しい。たとえば、子どものＩＱが両親のＩＱと同程度の場合、その理由は親から子へ受け継がれる遺伝的要因にあるのか、それとも同じ環境で暮らしているためなのかを判断するのは困難だ。その両方の組み合わせである可能性が最も高いだろう。さらに、知性のような形質に関係する遺伝子のオン・オフが、環境に応じて切り替わる可能性もある。外部からのプレッシャーによって、ある遺伝子の強みが前面に現れるかもしれないし、その効果が消されてしまうかもしれない。

最後になるが、そもそも知能をどう定義するのだろう。これまでずっと一般的な方法として、人々の抽象的なパズルや頭を使う課題を解かせるようなＩＱテストが実施されてきた。しかし、人々のＩＱの平均値は20世紀の間に30ポイントも上昇している。だが、私たちの遺伝子はほとんど変わっていないはずなのだ。では、遺伝的変化なしに人間が賢くなっているのだろうか。それともＩＱが、知能ではなく、私たちの文化が私たちの脳をどれほど必要としているかの尺度になっているのだろうか。単に、これまで以上にＩＱテストについての人々の知識が増えているという可能性のほうが高そうだ。

状況が整っているという話になったところで、2番目の質問をしよう。『ガタカ』の世界の科学者たちは、人間の健康や寿命、性格などを、ゲノムを操作して決定できると考えている。

遺伝学を使って私たちの運命を本当に予測できるのだろうか？

遺伝子で運命を予測できるのか？

マイケル、君は、遺伝子操作を受けたらもっといい自分になれると思うかい？

実はそう思うよ。僕のゲノムは血流中のコレステロールを取り除くタンパク質を作ってくれないんだ。だから、僕のコレステロール値が高いのは、遺伝子操作で改善されると思う。

ポークパイをそんなに食べなければ、もっと安くすむんじゃないのかな。

なんだって？　ポークパイは僕の人生の楽しみなのに？　お断りだね。……ところで、君はどう思ってるの。

どうだろう、僕のゲノムには科学的になんの欠点もないからなあ。驚くことでもないよね、僕の姿を見ればわかるだろ？

今、人生の新たな目標ができたよ。君の葬式に、絶対に出席してやるからな。

せいぜい頑張ってよ。お通夜にはポークパイが出るように手配しとくからさ。

『ガタカ』では、遺伝子決定論によって社会が支配されている。この考えによると、誰かのDNAを確認できれば、その人の人生で何が起こるかを予測できることになる。個人が何をしようと関係なく、遺伝子によって常に支配されているのだ。あなたの運命が、死ぬ日さえもが、DNAのなかにある。数字に弱い？　遺伝子のせいだ。かかとが荒れやすい？　それも遺伝子のせいだ。気分が落ち込む？　遺伝子だ。

この考え方をする限り、逃げ道はない。あなたの遺伝情報が他のすべてを圧倒するからだ。ヴィンセントの言うとおり、どんな試験でいい点をとろうとも関係ない。「僕の履歴書は、僕

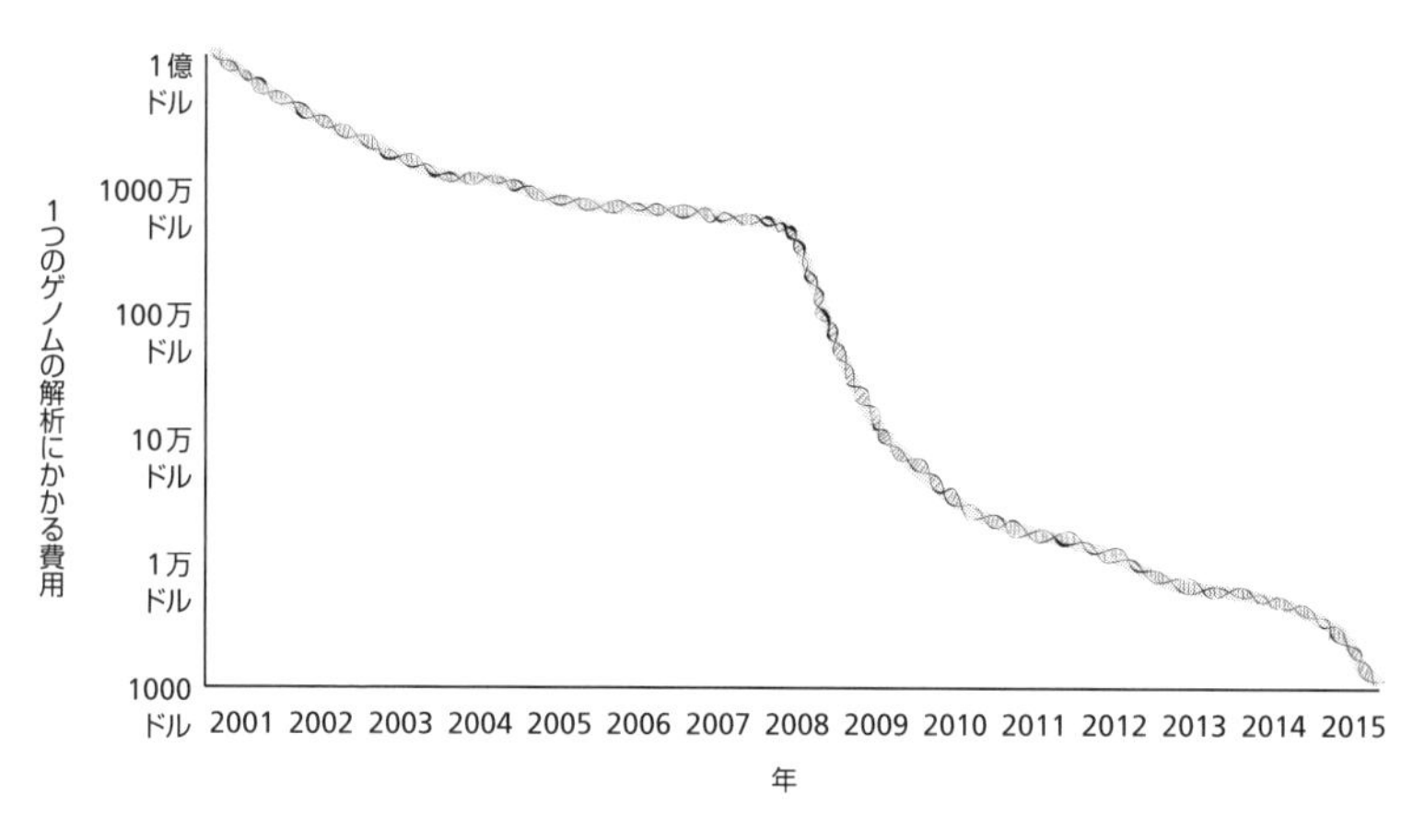

[1つのゲノムの解析にかかる費用は急激に安くなっている]

の細胞のなかにあるんだ」と彼は言う。彼がふさわしい遺伝子をもっていなければ、『ガタカ』の宇宙プログラムには絶対に参加できないのだ。これは私たちにも起こりうるだろうか。

まず、遺伝子スクリーニングの費用がどんどん下がっているのは確かだ。人生のかなり初期の段階で受けられるようにもなった。最近では、受精胚の状態での全ゲノム解析が１０００ポンド（約15万円）を切っている。取り残される心配は無用だ。大人も全ゲノム解析を受けられる。

遺伝子スクリーニングの良い点は明らかだろう。時代が進むほどゲノムの働きについての知識は増えるし、医学的状態や他の遺伝形質についてもさらに多くのことがわかるようになる。それによって、特定の疾病の発症率を減らせるし、重い疾患の微候がない受精卵を選べるようにもなるだろう。しかし、こういった遺伝情報を扱うことには負の側面がある。悪用されたり、情報の意味をよく理解していない者が誤用する可能性が出てくるのだ。

たとえば、保険の加入時に遺伝子検査が課されるようになるかもしれない。保険会社があなた用の生命保険プランを作る際には、あなたの遺伝情報を知りたがるはずだからだ。遺伝的リスクが高いと判断された場合には、毎月の支払額が高くなるだろう。では、就職はどうだろう。あなたが特定の健康上の問題をもちやすいことを示す情報に会社がアクセスできるとしたら、会社はあなたを雇おうとするだろうか（ヒント：しない）。

このような状況は単なる仮説ではない。２０１２年にカリフォルニアのある学校が、嚢胞（のうほう）性線維症の遺伝子マーカーをもつという理由で、コルマン・ガダムという12歳の生徒を退学させた。遺伝子マーカーをもつからといって、必ずその病になるとは限らないし、コルマン君は発症していなかった。しかし、嚢胞性線維症を発症した子どもは、他の発症者が感染した伝染性の感染症に特にかかりやすくなるため、お互いに近づけてはならない。その学校には嚢胞性線維症を患う生徒がすでに2名在籍していたため、学校側は遺伝的特性から彼の退学が望ましいと決定したのだ。

これは遺伝子決定論に絡む問題の好例となっている。ある遺伝子をもっているだけで、何かを意味するわけではないのだ。「遺伝子を読むことは厳密な科学ではない」という認識が高まりつつあるが、これは『ガタカ』でも予見されていた。ユマ・サーマンが演じたアイリーンは、理論上は遺伝的に「完全」だった。だが現実には、遺伝的に「不完全」であるヴィンセントと同じように、心臓が弱かったのだ。「僕の心臓は寿命を過ぎてから、もう1万回は打ってるよ」とヴィンセントが彼女に言う。

アイリーンはそんなことが起こりえるというだけで驚く。ヴィンセントと出会う前、彼女は『ガタカ』の極端な遺伝子決定論をなんの疑いもなく信じきっていた。この映画の脚本を書き、監督もしたアンドリュー・ニコルの言葉を借りると、「彼女は、自分の遺伝子解析によって示された時間よりも1分でも長く生き延びたら罪悪感を覚えるだろうから、予測された時刻になったら身を横たえて死ぬ」ほどだったのだ。しかし、遺伝的に受け継いだものが絶対的な宿命にも等しいという考えによって映画全体が覆い尽くされるなかで、ヴィンセントもアイリーンも、自分たちがゲノムに縛られる必要がないことに気づくのだ。

あなたも縛られる必要はない。数十年に及ぶずさんな報道のせいで、意外に思うかもしれないが、本当にそうなのだ。近年の新聞にざっと目を通せば、あらゆることに対して「○○の遺伝子」が発見されているという印象を受けるのは仕方がないことがわかる。

いくつかの特性に関しては、遺伝子で決まるという考えにも少しは妥当性がある。たとえば、目の色は（比較的）単純な遺伝的法則で決まる。えくぼ、血液型、顎の割れ目、指の節の毛、耳垢が乾燥しているか湿っているかといったことは、両親の特性に基づいてほぼ予測できる特徴のほんの一部だ。しかし、遺伝の影響と環境の影響が複雑に混ざりあうことで決まる身体的な特徴のほうが、それよりもずっと大きなグループを作っており、身長や肌の色などはこちらに属している。このグループには、短命につながりうるさまざまな生理的要因も含まれている。マイケルの、平均よりも高い血中コレステロール値の原因である「家族性高コレステロール血症」もこのグループだ。マイケルはめそめそと文句を言っているが、これが特別に悪い例というわけではない。遺伝子の特定の組み合わせをもつ人々が、ある種の癌や糖尿病を発症する可能性のほうがもっと高いのだ。

行動特性はさらに複雑だ。あなたの性格は遺伝から影響を受けるけれども、遺伝によって決まりはしない。環境や育てられ方、生活習慣などの影響も強いので、性格が遺伝によってガチガチに固まるわけではないのだ。

その好例が、いわゆる「戦士の遺伝子」だ。『ガタカ』公開の少し後、メディアによって大々的に報道されていた遺伝子である。このモノアミン酸化酵素A（*MAOA*）遺伝子は、人を暴力的にすると宣伝された。しかし、その研究にはほとんど説得力はない。よくいえば過度の単純化であり、悪くいえば単なる明らかな誤りである。それにもかかわらず、アメリカのある殺人者は、この遺伝子を使って２００５年の死刑執行を逃れようとした。***MAOA*** 遺伝子の変異のせいで、自分は罪を犯したのだと主張したのだ。裁判官はこの訴えを退けたが、それは、被告人はゲノムの奴隷ではないし、少なくともそのような単純なものではないためだった。

とはいえ、人間は誰しも、遺伝的な影響を受けているある種の「傾向」があることは否定できない。だからこそ、遺伝的な行動形質と本当の行動とを区別することが重要なのだ。形質とは本質的に非常に大まかな傾向である。これらの傾向は、確かに、あなたの遺伝子から(通常は複数の遺伝子から)影響を受けており、たとえば危険を冒しやすい傾向(リスクテイキング傾向)などがこれにあたる。

コラム

おかしな名前の遺伝子

遺伝学者は新しい遺伝子を発見したら名前をつけることができる。私たちのお気に入りの名前を紹介しよう。

◎**スイスチーズ**:ハエの特別変異種で発見された。このハエの脳にはスイスチーズのように穴が空いている。

◎**ティガー**:ゲノムのなかのさまざまな場所に移動できる、転移可能な「飛び跳ねる遺伝子」。

◎**安上がりなデート（cheap date）**：この遺伝子の変異によって、ハエのアルコール感受性が高まる（アルコールに弱くなる）。

◎**ぽっくり病（drop dead）**：もっていることを喜べない遺伝子。ショウジョウバエの成虫が突然早死にする原因となる。

◎**実りなし（fruitless）**：オスのショウジョウバエがメスに興味をなくすという問題をもたらす。

◎**INDY**：この遺伝子によってショウジョウバエの寿命が倍に延びる（名前は、「I'm Not Dead Yet（まだ死んでいない）」の頭文字をつなげたもの）。

◎**ARSE**〔**訳註：イギリス英語で尻のこと**〕：アリールスルファターゼE（Arylsulfatase E）遺伝子。たまたま略称がこうなった。

◎**ソニック・ヘッジホッグ**：遊び心のある名前だが、遺伝子の性質とは無関係〔**訳註：ビデオゲーム『ソニック』シリーズのキャラクターから命名された**〕。今ではこの遺伝子が脳の発達障害に関わっていることがわかっている。医師は、子どもの命を脅かすこの遺伝子変異について両親に説明する際には、この名前を使いたがらない。

しかし、表面に現れる行動はそうではない。ある瞬間に現れる行動は、多少は形質の影響を受けているが、状況や環境、あなたがもつ他の形質との相互作用による影響が大部分を占める。進化論的に表現すると、形質は長い時間をかけて（自然選択によって）選ばれたものだが、行動とは、そのときの状況に敏感に反応して形質が表面化すること（またはしないこと）の結果なのだ。

たとえば、マイケルのドーパミン処理過程に関わる特定の遺伝子に変異があるとしよう（ちなみに***DRD4-7R***遺伝子と呼ばれる）。この遺伝子はリスクテイキング傾向や新奇探索傾向と関係がある（さらに、興味深いことに注意欠陥・多動性障害、つまりADHDとも関係がある）。リスクテイキング傾向や新奇探索傾向は、形質であって行動ではない。だが、こういった形質がマイケルの行動として現れているということが、どうすればわかるのだろう。たとえば、マイケルはたくさん酒を飲むかもしれないし、多くの異性と関係をもつかもしれない。だからといって、アルコール依存症の遺伝子や乱交の遺伝子を見つけたことになるのだろうか。もちろん違う。同様に、マイケルは他の人よりも旅行や読書をよくして、友達が多いかもしれない。こういったさまざまな行動すべてをこの遺伝子がどうにかして指定しているわけではないのだ。この遺伝子が何をしているかというと、開放的で好奇心が強いという方向に、大まかな傾向を生じさせているだけだ。この遺伝子をもつとしても、マイケルの実際の行動は、機会や環境や彼の他の形質によって変わってくる。

もしリックに同じ遺伝子があっても、マイケルと同じように行動するとは限らないことは簡単にわかるだろう。リックの遺伝子の組み合わせと、マイケルの組み合わせは違っていて（2人ともそれをありがたいと思っている）、その結果、2人の好奇心のあり方も微妙に異なる。同じようには現れないのだ［マイケルが*DRD4-7R*遺伝子をもっているかどうかはわからないが、彼がお酒好きなのは本当のことだと指摘しておこう］。

人々は驚くほどこのことを認めたがらない。貞淑さや犯罪性、宗教的信念など、ありとあらゆることに対して、その行動が「遺伝子で決まる」としょっちゅう主張されている。「浮気の遺伝子」や「知能の遺伝子」などを科学者が発見したとする記事は今も後を絶たない。しかし、この単純な「○○の遺伝子」の原則があると信じる科学者は、今ではほとんどいない。複雑な性格や行動の原因を1つの遺伝子に落とし込もうとするのは楽しいことだが、実際のところ、あまりに還元的すぎるのだ。完全にバカげたたわ言とも言える。本当のところは（少しばかり残念であることは認めるが）、とにかく遺伝子はそのようには機能していないのだ。

遺伝的特徴の分析からその結果を予測しようとする際のもう1つの複雑な要因とは、遺伝子間の相互作用がとても重要だということだ。マイナスとマイナスでプラスになるようなことさえありえる。たとえば2008年に2つの「悪い」遺伝子の相互作用を調べた研究が発表された。1つはSERT遺伝子の変異である。この変異によって人々はよりネガティブな影響を受けやすくなるようであり、うつ病とも関連している。もう1つはBDNF遺伝子の変異である。

この遺伝子はニューロンの成長や維持に関わっているが、遺伝子に変異があると通常の働きができなくなり、人々の学習能力に問題が生じることが多い。しかし、ここで良い知らせがある。もし同じゲノムのなかに両方の遺伝子変異があれば、SERT遺伝子の変異体によってネガティブなことを学習するよう押しつけられるものの、BDNF遺伝子の変異体はそこから学ぼうとしないので、抑うつに屈しにくくなるのだという。簡単に言うと、2つの「悪い」遺伝子が打ち消しあうのだ。すごい!

ここから自然と私たちの3番目の疑問が出てくる。私たちは「悪い」遺伝子を修正すべきなのか? **遺伝学を使って完璧な人間を生み出すべきか?**

遺伝子の欠陥は取り除ける?

『ガタカ』の裏話をもう1つ。ジュード・ロウが演じたジェローム・モローのミドルネームを知ってる?

「遺伝的に完璧」な見本の彼だよね。もし映画が数年後に作られたとしたら、遺伝によるハゲが目立ち始めただろうけど。

意地悪なおっさんだなぁ。とにかく、ミドルネームはユージン（Eugene）だ。由来はギリシャ語の「eugenes」という言葉で、「いい生まれ」という意味なんだ。

だから、「eugenics（優生学）」が、人類を改良しようとする科学なわけか。

優生学ってどうなったの？

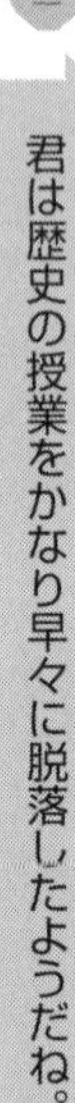

君は歴史の授業をかなり早々に脱落したようだね。

１９７９年、リックが生まれたこの年に、ヨーゼフ・メンゲレは亡くなった。メンゲレは悪名高いナチスの医師であり、強制収容所で恐ろしい人体実験を行った。遺伝学に魅せられ、探し出した一卵性双生児に対してとりわけ陰惨な実験を行い、どの特徴が純粋に遺伝によるものであるかを調べようとしたのだ。メンゲレの取り組みは、完璧な人間であるアーリア人が「支配者民族」となる世界を築き、あらゆる「劣等民族」を滅ぼそうとするものだった。

しかし、ナチスよりもっと以前から優生思想は存在した。このアイデアには長い歴史があるのだ。プラトンは著書『国家』において、優れた者同士、劣った者同士の交わりについて、また、劣った者同士の子どもを育ててはならないことについて記し、「群れを、できるだけ優秀なままに保つためだ」と述べている。

「優生学（eugenics）」という言葉は、19世紀終わり頃にフランシス・ゴルトンによって、「人類を改良する科学」のキャッチーな表現として考案された［ゴルトンは著名な科学者だった。あなたが彼の名前は聞いたことがないけれども彼の従兄のチャールズ・ダーウィンはよく知っているとなれば、かなり腹を立てるだろう］。20世紀初めまでには、ヨーロッパとアメリカで、いわゆる「好ましくない」形質をもつ人々を断種させようとする社会ダーウィニズムの信奉者たちから非常に高い支持を集めるようになっていた。アメリカでは１９０７年に最初の断種法がインディアナ州で可決されている。その目的は、囚人に精管切除術を行うことにより「劣化した形質」が伝わるのを防ぐことだった。当時のアメリカ大統領セオドア・ルーズベルトは、「犯罪者は断種されるべきであり、知的障害のある者は子どもをもつことを禁止されるべきである」と言っている。そして、１９３６年までにはアメリカの31の州でなんらかの形の優生法または断種法が施行され、法が廃止されるまでに国内で6万人以上が断種された。現在、施術された人々に対して補償を行っている州もある。

ナチスドイツによる優生学政策は最も極端なものだった。１９３３年、中央政府は遺伝病子孫予防法（ドイツ断種法）を制定している。これは、知的障害、抑うつ、てんかん、盲目など、身体的・精神的に遺伝的障害のある人すべての断種を許可するものだった。

単なる断種では飽き足らず、ヒトラーは１９３９年に「不治の患者」に対する「慈悲死」を命じている。これにより、１９４１年までに7万人のドイツ人患者が安楽死させられた。その後数年にわたり、安楽死はドイツで一般的に行われ、この政策により約20万人が殺されたと考えられている。

このナチスの優生政策の亡霊は、現在利用できる高度な遺伝子スクリーニングの技法による「新たな優生学」の可能性についての議論に大きな影を落としている。言うまでもなく、この方向に向かおうとするどんな科学に対しても、私たちは極度に慎重になる。しかし、ますます増え続ける遺伝学の知識を使って、痛みや苦しみを最小限に抑えたいと私たちが思っているのも確かだ。違うだろうか？

『ガタカ』の冒頭では、精神科医ウィラード・ゲイリンの、ぞっとするような言葉が映し出される。「我々は母なる自然に干渉するようになるだろうが、母もまた、それを望んでいるのだと思う」。これは根拠のない自己正当化だろうか。それとも妥当な主張であって、自然の過程に直接介入できるほど、人間は進化によって賢くなっているのだろうか。

全世界で生まれる赤ちゃんのうち、遺伝子異常による障害がある子は2%（1年あたり数百万人）にのぼる。それ以上の数の赤ちゃんが、なんらかの病気にかかりやすいと考えられる遺伝子変異をもっている。それなのに、なぜその問題を取り除こうとしないのか。できうる限り「最良の」子どもをもとうとしないのか。もしも、子どもが健康に育つ可能性を大幅に高めることが可能で、そのためのテクノロジーが安価で容易であれば、それを使うことこそ道義的責任があるのではないのか？

確かにテクノロジーの使用は可能になってきている。もう始まってからしばらく経つが、新生児は、かかとから採血されるようになった。映画での描写とそっくりだが、あれほど徹底した検査ではなく、鎌状赤血球症、嚢胞性線維症、甲状腺機能低下症など、いくつかの遺伝的状態が検査されているのだ。また、体外受精の際には、着床させる前に、遺伝的異常に関するスクリーニングが行われている。遺伝学者がヴィンセントの両親とどの受精卵を選ぶかを話し合うシーンがあったが（選ばれた受精卵がヴィンセントの弟のアントンになるわけだ）、あれはすでに不妊治療院で行われていることなのだ。映画ではディストピア的な描かれ方だったが、これはむしろ賢明なことかもしれない。だが、すでに、健康上の問題という範疇を超えることも行われている。体外受精を行う病院では、職業などの特徴によって女性が精子提供者を選ぶということが日常的になっているのだ（ちなみに医師の精子が最も人気が高い）。

そして、私たちは、さらに踏み込んだところへと進もうとしている。『ガタカ』スタイルの刺激的な構想に基づいて、ボストンのハーバード大学の遺伝学者によって、親が新生児の全ゲノム解析を申し込むことができるプログラムが始められた。いかにも希望者が殺到しそうだ。だが、そうはならなかった。連絡した親のうち約7％しかプログラムへの参加に同意しなかったことに研究者は驚いた。どうやら、自分や自分の子どもについてどこまで知りたいのか、そして可能ならばどこまで変えようとするかについては、さらに大きな問題があるようだ。ここから話は「精密な医療」へと進むが、心の準備はできているだろうか？

ここまで取り上げてきたのは、最も問題の少ない受精卵を選ぶといった形で病気を取り除く話だけだった。『ガタカ』では、ヴィンセントの弟のために両親は最良の受精卵を選んだが、両親の遺伝子プールという限界はあった。つまり、すべての遺伝物質は2人に由来しなければならないのだ。両親が、いくつかの点をなりゆきに任せてはどうかと訊くと、遺伝学者はこう答える。「そうでなくても人間は不完全なものです。子どもに余計な重荷はいりません」。しかし、何箇所かで別の遺伝子変異体と交換したり、遺伝子のオン・オフを選択的に変えたりする方法があるとすればどうだろう。問題を起こす欠点をすべて取り除くことができるとしたら？ ここで登場するのがCRISPR（クリスパー）という遺伝子編集技術だ。

CRISPRとは、「Clustered Regularly Interspaced Short Palindromic Repeats（集まって規

則的に間隔を置いた短い回文配列の繰り返し）」の略語である。細菌がウイルス感染を防ぐ方法を調べていた分子生物学者が、２０１２年にその仕組みを解明した。細菌は、攻撃してくるウイルスの遺伝子配列の一部と相補的な（塩基配列と結合するような）配列をもつ遺伝物質を作る。この遺伝物質とＣａｓ９（キャスナイン）と呼ばれるタンパク質とで、ウイルスのＤＮＡを固定して切断するのだ。細菌の勝利だ。

科学者たちはこの技術を細菌から盗んで、遺伝子編集ツールとして使用するようになった。ＣＲＩＳＰＲ／Ｃａｓ９は、とても正確に分子を切るはさみとして働く。ＣＲＩＳＰＲから作られたガイドが、切断ツールであるＣａｓ９をＤＮＡの目的の場所まで導くのだ。

現段階で、ＣＲＩＳＰＲは、狙った遺伝子を無効化したり修復したり、切断した箇所にまったく新しい遺伝子を挿入することもできる。カリフォルニア大学の生物学者であるジーン・ヨー［ジーン（Gene：遺伝子）がこの分野で働くとは、名づりの決定論を体現しているようだ］は、これをスイス・アーミーナイフにたとえた。現時点では、このツールにあるのはナイフとはさみが１つずつだが、ジーンと同僚はタンパク質や化学物質を追加して、ナイフを多機能ツールに変形させようとしている。

ＣＲＩＳＰＲを使えば、私たちのＤＮＡに含まれる何十億もの化学結合をいじることができるので、遺伝子を１つずつ無効化して個々の遺伝子の働きを確認できる。また、ＣＲＩＳＰＲによって細かい変異を導入して、病気の原因を特定したり、病気への防御能力を与えたり、その他の有益な形質を付与したりすることも可能だ。すでに植物や動物の遺伝子の書き換えは行われており、干ばつに強いとうもろこしや、カシミヤとなるすてきな長い毛をもつヤギ、角のない畜牛など、きりがないほどいろいろなものが作られている。

人間に対する最初の臨床実験もすでに行われている。場所は、倫理が必ずしも優先されるわけではない中国だ。他に治療法のない肺癌の患者の白血球細胞を抽出して、ＣＲＩＳＰＲを使って遺伝的に改変する。特に、ＰＤ-１というタンパク質を作る遺伝子が無効化されたが、このタンパク質には一般に、細胞が免疫系に助けを求めるのを止める働きがある。編集した細胞を増殖して患者の体内に戻すことにより、それらの細胞が癌の部位に集まって、免疫系からの攻撃を呼び込むことが期待されている。

コラム 指が12本あるピアニストを作ることができるか？

『ガタカ』に、好奇心をそそられる場面がある。ヴィンセントとアイリーンが12本指のコンサートピアニストの演奏を聴きにいく。ピアニストが演奏するのは、12本指になるよう特殊なゲノムを与えられた者でないと弾けない曲だ。人為的に多指にできるかというと、もちろんできるが、それは人々が受け入れるならばの話である。

女優のジェマ・アータートンは生まれつき両手に指が6本ずつあったが、誕生後すぐに余分な指は切除された。なんとつまらないことか！　インド人のデヴェンドラ・スタールには足の指が14本と手の指が14本あり、そのままの状態にしている。グッドラック！　２０１６年には、手の指が15本と足の指が16本の赤ん坊が生まれた（中国）。ブラジルに住む14人家族は、全員に手の指と足の指が12本ずつあり、明らかに遺伝的形質であることがわかる。

通常以上の本数の指は、多指症として知られる遺伝的異常がその原因だ。驚くほどよくあることで、新生児５００人に１人はなんらかの形で余分の指をもって生まれるが、その多くは小さくて骨がない。

動物実験の結果、多指症は、妊娠中の母親に特定の化学物質を投与すると誘発されることがわかった（ラットやマウス、そしてちょっとばかり奇妙なのだがカメレオンで確認されている。人間では実験されていない）。このことから、指の形成に関わる遺伝子のプログラムを混乱させられることがわかる。つまり、私たちにモラルも倫理もなく、そのような多様性を楽しみたいというのならば、そう、私たちは12本指のピアニストを作れるのだ。

これは、人体の外部で遺伝子を編集して再び体内に戻すという方法で病気を治療するほんの一例である。だが、何にでも使えるわけではない。多くの病気では、治療のために、まだ体内にある状態の細胞に対して遺伝子編集技術を用いることが必要となる。

その方法は2つある。1つ目は「直接的な」遺伝子治療だ。この方法では、生殖に関係しない「体細胞」に対して治療を行う。遺伝子を削除したり、挿入したり、遺伝子の機能を停止させたり開始させたりすることができる。

体細胞を編集しても、その変化は子どもには受け継がれない。2つ目の技術はその点で異なる。生殖細胞を治療するのだ。精子や卵子、あるいは初期の胚の細胞のなかの遺伝子に対して操作が行われる。この場合、状況はかなり違ってくる。変化が次世代以降に引き継がれるのだ。つまり、人間のゲノムを永遠に変えてしまう方法だといえる。

2つのチーム（当然ながら中国だ）が、すでにヒトの受精卵に変化を加えている（こら！）。こういった研究に動かされる形で、2015年の終わりに国際会議が開かれて、人間へのCRISPRの使用に関する倫理について議論された。サミットの終わりには、生殖細胞に対する操作についてモラトリアム（計画的な一時停止）を設けることに生物学者たちが同意した。しかし、これも終了した。ロンドンのフランシス・クリック研究所のキャシー・ナイアカンは、7日後には破壊するという条件で、受精卵の遺伝子を編集する認可を得ている。

だからこそ、私たちはこの技術の負の側面について話し合わねばならない。私たち自身のゲノムをいじくりまわすということは、進化で得たものを台無しにする危険性があるということだ。「適者生存」の機構によって取り除かれていた予想外の問題を引き起こす可能性がある。また、遺伝的多様性が壊滅的なまでに失われるかもしれない。何よりも、こういった遺伝子操作は、ほぼ確実にお金と権力のある人々によって独占されることになるだろう。その結果、遺伝的に改良された金持ちのスーパークラスが貧しい者を支配するという深刻な格差がもたらされる可能性が高い。まさに、『ガタカ』で予言されたとおりの状況となるのだ。

じゃあ、まとめよう。僕たちは確実に単なる遺伝子以上の存在であって、『ガタカ』で行われているような予測はありえない。

でも、遺伝学を使って、完璧な人類を作ることはできるしいずれそうなるだろう。完璧な人類がどんなものかはわからないけどね。正直、ちょっと怖くなるよ。

君だけじゃないよ。ＣＲＩＳＰＲの発見にチームで携わったジェニファー・ダウドナ教授は、ある男が座っていて彼女の発見の可能性について議論したがっているという悪夢を見たそうだ。その男が誰だったと思う？

ヨーゼフ・メンゲレかな。

もっと悪い。アドルフ・ヒトラーだ。

つまり、彼女にはしっかりとした良心があるってことだね。

第9章

エクス・マキナ

人工知能とは何か、
また、人工知能には何ができるのか?
機械は意識をもちえるのか?
いずれ私たちは自然な人間の知能を
超えるのか?

この映画は、無限の力をもつかのように思われる危険な社会病質者に立ち向かう、傷ついた孤児の話だよ。

この章のテーマが『ハリー・ポッター』とは知らなかった。

うまいね。そうそう、『エクス・マキナ』でケイレブを演じた俳優のドーナル・グリーソンは、ホグワーツ魔法魔術学校の首席だったことがあるんだよ。

実生活で？

違うよ。演技がなんなのか、わかってる？

『ルーキー・ハウス・ガール』に出演したこの僕に、よくも言えたね。

『エクス・マキナ』は本当に珍しい映画であり、その着想は学術書から得られたものだ。確かに、マレー・シャナハンが書いた『Embodiment and the Inner Life: Cognition and Consciousness in the Space of Possible Minds（具現化と内なる生：実現可能な心の空間における認知と意識）』は、学術書にありがちな無味乾燥な内容ではない。だからといって、『フィフティ・シェイズ・オブ・グレイ』に近いわけでもないが。

粗筋はこうだ。ソフトウェア業界の第一人者のネイサン（オスカー・アイザック）は、自分が作った検索エンジン「ブルーブック」で得られた全データを使って、人工知能（ＡＩ）の訓練を行っている。彼はＡＩに実際の体をいくつも与えており、その最新型のエヴァを演じるのがアリシア・ヴィキャンデルだ。ネイサンは、人里離れた彼の研究施設兼プレイボーイ風のゴージャスな自宅に、自分の会社で働くケイレブ（ドーナル・グリーソン）を招待して、エヴァに真の知性があるとケイレブが信じるかどうかを観察しようとする。

エヴァは本当にかわいくて、思いやりのある性格をしている。しかしそれは……。ああ、危ないぞ、ドーナル！　ホグワーツで首席だった彼も、気のあるそぶりの女性型ロボットにどう対処すべきかは心得ていなかった。ちっとも。一方のエヴァは、テストされることを不快に思っており、ケイレブを自身の逃亡計画に利用することを考え始めたようだった。それとも、これらはすべて、ネイサンの巧妙な企みなのか？

この映画を理解するために私たちが考えなくてはならない最初の疑問は、かなり直接的なものだ。

人工知能とは何か、また、人工知能には何ができるのか？

機械は知性を持つのか？

僕が気に入ってるのは、ＡＩにリアルな表情を教えるために人々の携帯電話のカメラをハッキングしたとネイサンが明かす場面だね。どの表現やイントネーションを使うときにどんな表情になるのかを理解できる完璧な方法だよ。

うまくいかないと思うけどな。みんなの耳が大写しになった画像だらけになるよ。

そんなことないさ。ハンズフリー機能があるわけだし。

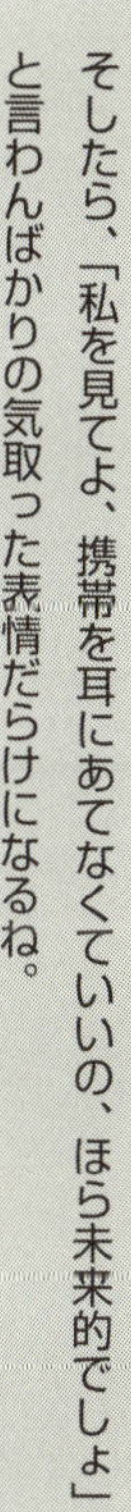

そしたら、「私を見てよ、携帯を耳にあてなくていいの、ほら未来的でしょ」と言わんばかりの気取った表情だらけになるね。

そんなに毒づかなくてもいいだろ？　もっと意味のある話をしたいんだけど。誰かから電話かかったりしないの？

実の母親でさえかけてこない。

友達ロボットが販売されたら、君が列の先頭に並んでそうだなあ。

あなたには知性がある。あるに決まっている、この本を読んでいるのだから。だが、機械にも知性があると言えるだろうか。機械が知性をもつかという問いは、初めて提示されてから何十年間もバカげた疑問だと考えられていた。たとえば１９４８年に、現代のコンピュータ工学

の先駆者であるアラン・チューリングが「Intelligent Machinery（知性をもつ機械）」という研究論文を発表した。これは、コンピュータが人間の脳の働きを模倣する可能性について初めて踏み込んだ論文だった。チューリングはこう書いている。「機械が知的行動を示すことは可能かどうかという疑問を調査することを提案する。通常は、議論もせずに不可能だと仮定されている疑問だ」。チューリングはイギリス国立物理学研究所で働いていたが、彼の上司であったその名も輝かしいチャールズ・ダーウィン卿は（祖父である「あの」チャールズ・ダーウィンと違って爵位までもっていた！）、その論文には特に感心もしなかった。チャールズ卿の観点では「学生の作文」レベルであり、出版すべきとも思えなかったのだ。

それでもチューリングはくじけなかった。2年後にチューリングが出版した「Computing Machinery and Intelligence（計算する機械と知性）」という論文には、「機械は考えることができるか？」という挑発的な問いが含まれていた。この論文では、チューリングが言うところの「イミテーション・ゲーム」（聞き覚えがあるのでは？）によって答えを見つけることが提案されている。このゲームでは、見えない場所にあるコンピュータが、なんらかの伝達技術を使って人間と会話をする。もし相手がコンピュータであることを人間が見抜けなければ、このコンピュータは「人工知能」だと考えることができるというものだ。

この「チューリング・テスト」が、『エクス・マキナ』の要である。ロボットを作った億万長者のネイサンは、幸運な社員であるケイレブに向かって、チューリングの時代から人工知能

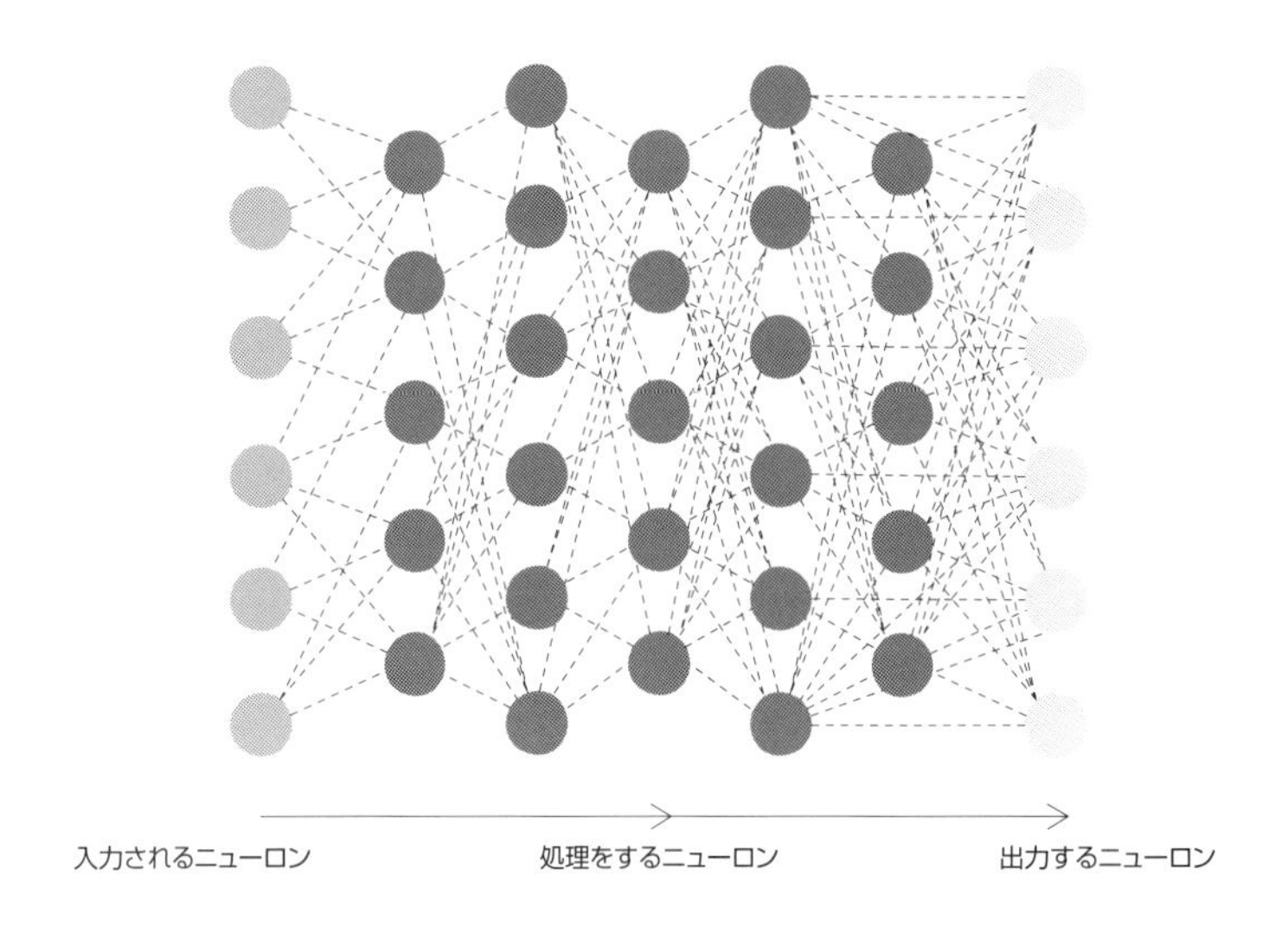

[ニューラルネットワークへの入力信号は、ニューロン同士の結合を通って
複数のニューロンをわたっていく。目的を達成する最適な方法を
機械が学習するにつれて、それらの結合は変化する]

研究は大幅に進んでいるのだから、新たなチューリング・テストが必要だと言う。映画は基本的にこの新しいテストに沿って進む。その先に待っていたのはきわめて恐ろしい状況だった。

現時点で最も成功しているＡＩは、「ニューラルネットワーク」から始まった。これは人間の脳の構造を模倣したものだ。脳のなかでは、ニューロンという小さな生物的処理装置が相互に結合して複雑なネットワークを形成している。『猿の惑星』の章で見たように、ニューロンとは、入力信号に反応して出力信号を生成する細胞である。入力信号と、個々のニューロンの性質やニューロンの環境に応じて、出力信号は変化する。

『マトリックス』の章で学んだように、人間の脳は、複雑に入り組んだ入出力と、目や耳、肌、快楽中枢などの感覚系からのフィードバックとを結びつけている。その結果、私たちの経験によって、ニューロンの生化学的な構成や、結合の強さや量が変化して、特定の経路が「強化」される。これがいわゆる学習だ。

学習する機械もその仕組みは同じだ。人工的なニューロンは小さいシリコンベースの素子であり、入力を処理して出力を生成する。入出力は、ニューロン同士の接続や、ニューロンと外の世界(またはこのニューラルネットワークが制御しようとしている機械)との接続で生じる。ニューロン間の接続は、強くなることもあれば弱くなることもある。具体的には、簡単に活性化されるニューロンの組み合わせもあれば、入力を処理して出力を生成するためにより大きな電気信号を必要とする組み合わせもあるということだ。さらに、学習する機械には、チェスの試合に勝つといったような基本的な目的がある。

チェスの世界チャンピオンであったガルリ・カスパロフがIBMのコンピュータ「ディープ・ブルー」に初めて敗れたとき、それは彼にとって「打ち砕かれるような経験」だったという。彼はたくさんのコンピュータと対戦したが、この相手は違っていた。「私は感じたんだ。嗅ぎ取ったんだよ。台の向かい側に、新たな種類の知性がいることをね」とカスパロフは話している。

しかし、ここで意外な展開がある。実は、ディープ・ブルーに知性はなかった。適応することも経験から学ぶことも一切しないのだ。圧倒的な処理速度を生かして、あらゆる可能な手を確認して最適な戦略を突き止めるという、しらみつぶしのアプローチをとっているだけだった。

そんなものは知性ではない。「アルファ碁」のような賢さはないのだ。ディープ・ブルーはカスパロフを本当に打ち砕くためだけの機械だった。アルファ碁の場合は、囲碁を打つ方法を学んでいる。囲碁とは、一見簡単そうだが実は難しいアジアのボードゲームで、敵の石を自分の石で囲む陣取りだ。アルファ碁は今では人間の最強の棋士たちよりも強くなっている。これは本当にすごいことだ。人間は囲碁を打つとき、いくらか直感に頼っているのだから。最高の棋士でさえも、なぜその一手を選んだのかを説明できない場合がある。時には、単に盤面を見て、直感に従って正しい判断をくだすのだ。機械に直感をプログラムすることなど誰にもできない。だが、プログラムする必要はないことがわかった。

アルファ碁を開発したディープマインド社が最初に取り組んだのは、アーケードゲームをプレイする基礎的なニューラルネットワークだった。彼らが作った洗練されたこの機械は、アタリ版の「スペースインベーダー」をプレイすることができた。そして、このゲームをすぐにマスターすると、今度は「ブレイクアウト（ブロック崩し）」に取りかかった。跳ね返るボールをあてて壁を崩すゲームだ。壁のレンガを壊すたびに得点が増える。ディープマインドのチームは、このＡＩの「エージェント」にゲームのやり方は教えていない。点数を最大にするという目的しか与えなかったのだ。

それほど経たないうちに、このエージェントは、最小限の労力で最高の得点を出すような、これまで知られていなかった戦術を発見した。もともと知っていたわけではない。そもそも何も知らないのだから。できるだけ早く得点を高くしようとしただけなのだ。

もしディープマインドのエージェントが1つの仕事、たとえばブロック崩ししかできなければ、これは「弱い」人工知能ということになる。弱い人工知能の場合、できることが非常に限定されている。たとえば、大工仕事が素晴らしく上手というようなものだ。役に立つ技術だけれども、突然会社の会計の仕事を頼まれたとしたら、大工の技術はまず役に立たない。本当に求められているのは「強い」人工知能である。そのロボットハンドを何にでも変えられるAIだ。

それこそが、ディープマインド社の目指すものであり、アルファ碁はそのための通過点なのだ。囲碁は簡単なゲームではない。ルールはそれほど難しくないが、最善の対局のために解析すべき局面の数は1,000,000,000,000,000,000,000,000,000,000,000,000,000,000,000,000,000,000,000,000,000,000,000,000,000,000,000,000,000,000,000,000,000,000,000,000,000,000,000,000,000,000,000,000,000,000,000,000,000,000,000,000,000,000,000,000,000,000通りもある。これは宇宙全体の原子の個数よりも大きい。

アルファ碁の製作者は、数千万通りの盤面で人間が打った数千万通りの着手の情報を機械に与えた。これにより、機械は、盤面を見て人間の次の手を予測できるようになった。57％の確率で当たるようになっただけだが、人間に勝つ可能性が出てきたのだ。

そして、製作者の次の一手によって、人間の棋士が勝つチャンスは消えた。アルファ碁は自分自身と対戦するようセットアップされて、１００万回以上対戦して、大量の盤面から勝つ方法を学習したのだ。こうして、ディープ・ブルーのようなまったくのしらみつぶしではなく、プログラムされていない素早い直感によって探索が補われるようになった。１００万回を超える囲碁の対戦で何億手も打ったことで、アルファ碁のニューラルネットワークは盤面を見て、理にかなった勝てそうな一手を考え出せるようになったのだ。アルファ碁は、なぜその手を打ったのかとディープマインド社の研究者に訊かれても答えられないだろう。研究者たちが機械を分解したとしても、回路内にも答えはない。コンピュータのなかで、実質的になにかしら直感と同じようなものが経験を通して生まれたのだ。

ディープマインド社は、アルファ碁を支えるテクノロジーやこの人工知能の次世代ＡＩに対して、遠大な計画を立てている。たとえば、病気の診断や新薬の開発など、現実世界の問題に取り組むことを目指しているのだ。

これはディープマインド社だけではない。たとえば、医療診断で目覚ましい成果を挙げているＡＩプログラムはすでに存在している。エンリティック社のＡＩは、医療画像の検査が可能で、専門の放射線科医たちのチームよりも正確かつ迅速に肺癌の部位を特定できる。他には、もちろん、グーグル社の自動運転車がある。自動運転のためには、成功や失敗から学べること、外界からの情報に基づいて判断できること、無秩序で予測不可能な環境でも安全に動作できることなどが必要だ。これらを機械が行うための唯一の方法が人工知能であり、異論はあるかもしれないが、人間の運転手と同じようにうまく運転している。

ＡＩの応用例には、もっと平凡ではあるが、職の心配をする人が現れそうなものも増えている。リアルタイム翻訳、ジャーナリズム、音声認識など、そのリストはきりがないほど続く。どれも、私たちの日常生活を突然に大きく変えるものではない。しかし、ゆっくりと、着実に、人間の知能にしかできないとずっと考えられていた仕事の多くを行うことのできる機械の完成が近づいている。

では、この進歩をどうやって測ればよいのだろう。ネイサンの言ったことは正しい。実際の状況として、現代のＡＩはチューリングが想像したものをはるかに超えているので、チューリング・テストに代わるテストを見つける必要がある。だからこそ、ネイサンはケイレブのエヴァに対する反応を知ろうとしたのだ。ケイレブはエヴァのことを指すのに「彼女」と言うのか、「あれ」と言うのか？　ケイレブはエヴァに感情や感覚、目的があると思うだろうか？　ケイレブはエヴァを機械というよりは人だと思うのか？　ここから2番目の疑問が生じる。**機械は意識をもちえるのか？**

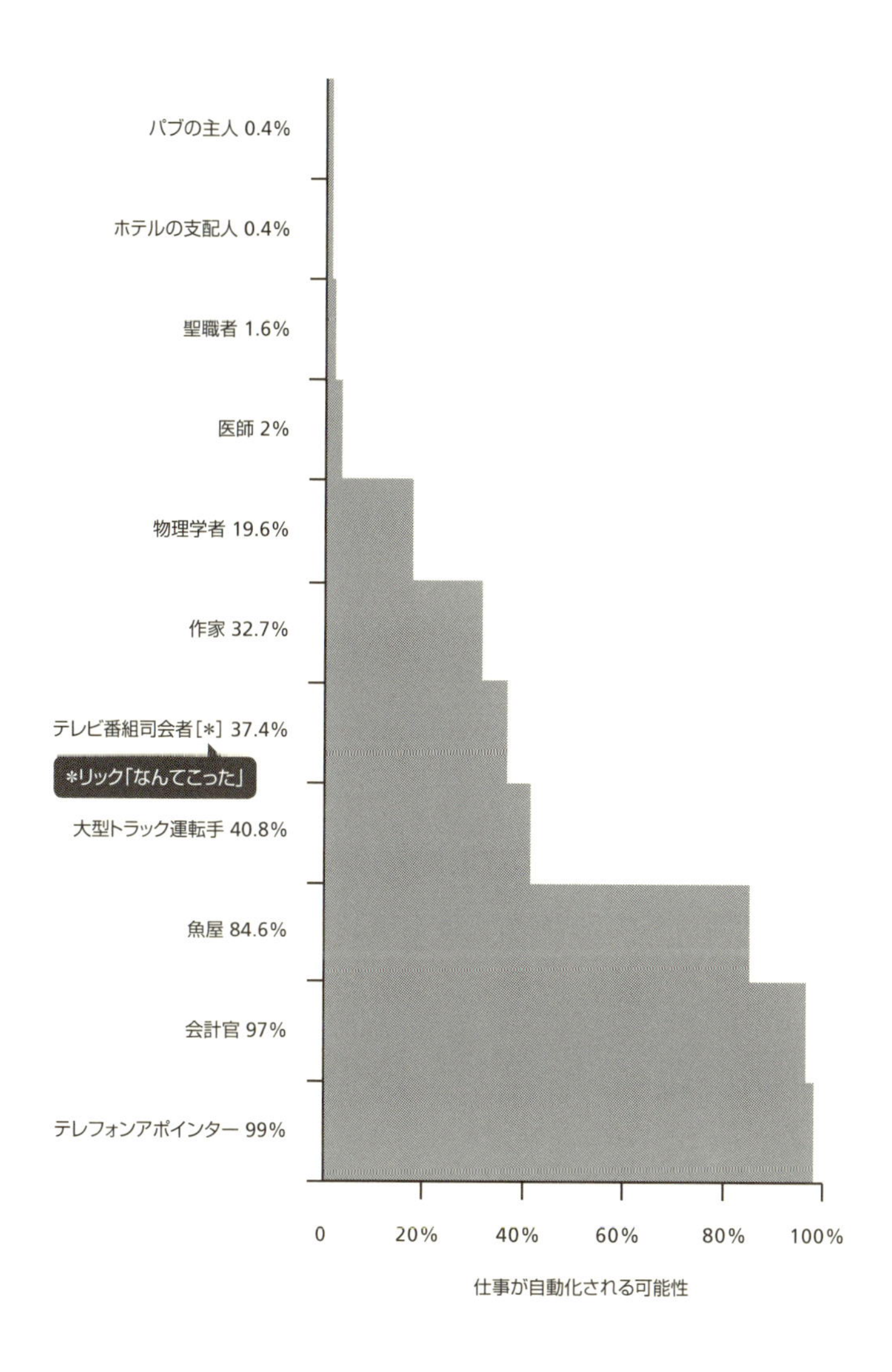

［ロボット工学と人工知能の進歩のために2035年までに消える可能性がかなり高い職業もある
（データのソース：マイケル・オズボーンとカール・フライ、オクスフォード大学）］

コラム

複雑な処理と知性の違い

映画のなかで、ケイレブは人工知能の有名な思考実験についてエヴァに説明をする。登場するのは、ありとあらゆるものが白黒の部屋で育てられたメアリーという科学者だ。メアリーは、光の波長や振動数について、また脳がさまざまな色を知覚する仕組みについて、あらゆる物理理論を理解している。だが、色に対する彼女の理解には（同様にコンピュータの理解にも）何かが欠けている。それは、色を見るのがどういうことかということだ。これと同じで、たとえ私たちが脳の働きについてあらゆることを理解できたとしても、そしてコンピュータで脳を再現できたとしても、そこに感情はないのではないだろうか。

哲学者のジョン・サールは、これに関連する思考実験「中国語の部屋」を作った。彼が考えたのは、中国語で書かれた質問を読むことができて、それに対する適切な答えを中国語で作るためのリソースを利用できるAIである。もしAIが密室にいて、状況を知らない誰かが部屋の外から質問をして回答を受け取るとしたら、部屋のなかには中国語ができる人がいると考えるかもしれない。サールが指摘したのは、このAIはチューリング・テストに合格するだろうが、それらの質問や答えについては何も「理解」していないということだ。サールはさらに、自分自身がこの部屋にいて、コンピュータプログラムのなかの命令と、質問を処理するのに必要なすべてのリソースにアクセスできるという状況を想像している。彼は漢字を受け取って、漢字で正しく出力することができる。しかし部屋の外の質問者に、中に中国語がわかる人がいると思わせることができても、サール自身には中国語はわかっていない。元のＡＩも同じことだというのが彼の論点だ。知性があるように見えるとしても、思考や心や意思があるとは限らない。サールの考えによると、私たちはあまりに簡単に、複雑な処理を知性と取り違えてしまうのだ。

機械が意識を持つ時

君だったらエヴァが逃げるのを助ける？

そうだね。ケイレブと僕はかなり似てると思うんだ。

君は優秀なプログラマーではないし、まともなハッカーですらないけどね。

確かに……。

つまり、彼女の役には立てないわけだ。

まあね……。

エヴァは他の誰かが必要だってすぐに気づくだろうね。一瞬で捨てられるってことだ。

彼女は、僕が何かをできるからとかじゃなくて、僕自身を好きになってくれるかも。

『エクス・マキナ』では、ネイサンには今後起きることがわかっているかのようだ。彼は「いつの日かAIは我々が原始人の化石を見るような目で人間を見ることになるだろう。野蛮な言語や道具を使う直立歩行のサルは、遠からず滅びる定めだ」とケイレブに言う。「憐れむのなら、エヴァよりも自分を憐れむんだな」

一方ケイレブは、そこまで達観していない。実際に、エヴァに対する望ましくない予想外の思いに振り回されている。「僕に気のあるふりをするようプログラムしたのか？」とケイレブはネイサンに訊ねる。

しかし、ネイサンはそんなプログラムをする必要はなかった。彼はエヴァに生きたいという欲求をプログラムしただけだった。そうすれば彼女を彼女たらしめている人工知能が、残りのことをしてくれる。だからこそ、彼女はケイレブが自分に対して行うテストのことを心配しているのだ。「あなたのテストに失格したら私はどうなるの？」彼女は、曖昧すぎる基準で評価されることがいかに不当であるかをケイレブに訴える。「あなたにもテストをする人がいて、その人に停止させられるかもしれないの？　なぜ私だけにテストをする人がいるの？」

素晴らしい疑問だ。この点では、意識が存在することの正当性をルネ・デカルトが表現した有名な「我思う、ゆえに我あり」が、少しばかり一面的に思えるほどである。

『ガタカ』の章では、知能がとらえにくい概念であることを見たが、意識はもっと難しい。合意された定義はないものの、ほとんどの人が受け入れているのは、意識とは、感情を経験し、単なる生存以上の目標をもつ、内面の自己認識状態と関係する何かだということだ。問題になるのは、意識のどの徴候も内面的なものであるため、他の生命体に意識があるかどうかは誰にもわからないという点だ。

ここで面白い考えがある。本当の意識がどのようなものであれ、炭素ベースの分子の特別な配置から意識が現れるとされているのに、それとほぼ同じ働きが可能と思われるシリコンベースの分子の特別な配置からは現れるはずがないとされるのはなぜなのか。言い換えると、エヴァはデカルトと同様に意識をもっていてもいいのではないだろうか。

この点で、動物が興味深い比較対象となる。多くの研究者は、大部分の動物に意識があると考えている。タコ（私たちのお気に入り）や犬の行動からすると、確かに、彼らに意識があることを否定するのは非常に難しい。かつてニュージーランド国立水族館で暮らしていたタコの「インキー」は、２０１６年４月に水槽から脱出して海に向かったが、その行動には彼の意識的な意図が表れている［インキーの動機は、『猿の惑星』の章で紹介したタコに対する私たちの見解に関係するかもしれない。人類の後継者であるタコの計略の一環として、彼は知性を身につけようとしたのではないか？］。インキーの飼育員は

[あなたの意識はどの程度? スペインのAI研究者、ラウール・アラバレス・モレノと彼の同僚は「ConsScale(意識尺度)」を作って、さまざまな生体が示す意識をランクづけしている]

水槽のふたを少し開けた状態で帰宅し（たまたまそうしたのか、インキーが他者の心を操れるのか、誰にもわからない）、タコはそのチャンスを最大限に活用した。夜になると、インキーは水槽から這い出て、監視カメラシステムを切り［これはウソ］、海へと続く50メートルの配水管を通って逃げたのだ。少なくともそう考えられている。彼は自身のフーディーニ的な脱出劇を説明するメモは残さなかった。

実際に起きていることがどうであろうと、もし動物や私たちに意識があるのならば、十分に知能のある考える機械（アルファ碁の性能を徹底的に高めて体をもたせたバージョン）が意識の徴候を示してはいけない理由などないことを、私たちは認めねばならない。

ここで大きな問題となるのは、どうすれば私たちは確信をもてるのかということだ。アレックス・ガーランドが作った『エクス・マキナ』の天才的なところはここだ。エヴァを作ったのはネイサンなのだとケイレブが知っているにもかかわらず、エヴァが、自分には感情や希望、意思があり、「人権」に値する存在なのだとケイレブを説得できるのなら、私たちはチューリング・テストの問題をいったん脇に置いて、もっと深い問題について考える必要が出てくる。もはや、「これは機械か人間か」という問いではなく、『この機械は本質的に人間と同じではないのか」という問いを考えるべきなのだ。

この問いに自信をもって「同じだ」と答える日がくるのだろうか。ここは意見が分かれるところだ。まず、肉体を備えたきわめて精巧な人工知能がはっきりと描かれた『エクス・マキナ』という虚構の世界では、エヴァが意識をもっているのだと主張できる。映画の終わり近くで、エヴァは他の誰も見ていないのにほほ笑みを浮かべている。楽しい経験に対する、自然な意識の反応のように思われるがどうだろうか。さらに、彼女は停止させられることを避けたがっているが、これは彼女にデカルト的な存在に関する不安がある証拠ではないだろうか。彼女は、自身の存在や目的、意図などに関する情報を処理しているとき（あるいは単に「考えているとき」でもいいかもしれない）、自己を意識しながら存在しているのだと示唆されているように思われる。彼女に内なる生がある証拠ではないだろうか。また、エヴァは自身の物理的な体に対して自覚的で、衣類によって体を飾ろうとしていることから、感情があるようにも思われる。

コラム

ロボット時代の性と死

『エクス・マキナ』の脚本家で監督のアレックス・ガーランドは、ネイサンがロボットを女性型にしたのはある理由のためではないか、と観客が怪しむようにした。明らかに、ネイサンは自身の創造物を、言ってみれば体の内側から外側まで知り尽くしている。

現実の世界でも、ＡＩの開発にとって性が大きな推進力であることがすでに明らかになりつつある。そして、それがやがて問題となるかもしれない。もし人々がセックスの相手としてロボットを買ったり借りたりするようになれば、他人への敬意や他人と交流をもちたいという思いが損なわれるのではないかと危惧する研究者がいる。「セックスロボット反対キャンペーン」によると、セックスロボットの使用には良い面はまったくないという。工場労働者やタクシーの運転手の仕事を人工知能が替わりに行うのと、あらゆる細やかさと複雑さを伴う人間関係を人工知能に置き替えるのとでは意味合いがまったく異なるのだ。反対運動をする人たちは、セックスロボットの使用により、人々の共感力が落ちて、実際の人間、特に女性たちが苦しむことになると主張している。

　苦しむといえば、人間が行っている軍事的な意思決定をロボットが替わりに行うという考えも、同様に問題がある。今のところ、殺傷力の高い武器を使用する権限はＡＩに与えられていないが、軍の活動に熱心な人々の多くがＡＩに権限を与えるべきだと主張している。

　確かにその意見にも一理ある。機械には瞬時の情報処理能力と目標識別能力がある。引き金を引いて生じる結果の確率も計算できる。現代の戦争に人間よりも向いているとの考え方もある。人間の決断がもたらした巻き添え被害についてのニュースを聞けば、その論調は勢いを増す一方だ。

　問題は、間違いを起こさないための十分なチェックを適切に行えるのかという点だ。現時点では、軍事的判断には必ず人間が関わる仕組みになっている。生死に関わる決定を肩代わりさせるほどには、私たちはＡＩを信頼していないのだ。そして映画『エクス・マキナ』は、それが賢明だろうと示唆している。

これらのすべてを人間性の証拠だとみなすことは可能だ。しかし、誰もがそう考えるわけではない。脚本を書き監督も務めたアレックス・ガーランドも、映画の着想となる本を書いたマレー・シャナハンも、エヴァが意識をもつとみなすべきかどうかについては慎重だ。だが、前にも言ったが、どちらにせよガーランドとシャナハンにも証明はできない。誰にもできないのだ。人でも物でも、それに意識がある（あるいはない）と、あなたが確信をもって言えるとしたら、それはあなた自身について言う場合に限られる。あなたの内なる声はあなたにしか聞こえない。痛みや愛がどのような感覚なのか、信頼できる情報源はあなただけなのだ。他の誰かが、自分もそういったことを経験していると言うかもしれない。だが、彼らは単にあなたを騙すように設計されたプログラムに従ってそれらの感情について熱弁を振るっているのかもしれず、その可能性を否定することもあなたにはできないのだ。

しかしこんな「哲学的なゾンビ」が存在すること自体、可能なのだろうか。意識をもつ機械を作ることができると信じる人たちは「可能ではない」と答える。意識のあらゆる特徴を示す能力があるということは、意識をもつ能力があるに違いないのだ。そうでなければ、意識をもつためには特別な「エッセンス」のようなものの力が必要だと考えていることになる。これは、「命が吹き込まれる」ことで生命体が動き出すという、古代の考え方に少し似ている。だが、自意識をもつ存在へと生物を変える、特別で神秘的な何かを想像するよりも、意識とはある種の複雑な情報処理装置から生じる性質なのだと仮定するほうがいいはずだ。

この仮定が正しいならば、炭素ベースではなくシリコンベースではあるが、意識をもつ機械を作ることはできるということになる。あとは、工学面で複雑さを増やすだけでいい。人間の脳の各ニューロンは、他の約1万個のニューロンからの入力を受け、1万個のニューロンへと出力する。脳全体にはニューロンが860億個もあるので、必要な複雑さを再現するのは大仕事だ。だが、驚くことに、すでにこれに取り組んでいる人たちがいる。

まず、IBM社の「ニューロモーフィック・チップ」がある。これは哺乳類の脳をモデルにしたものだ。最初に、約6000個のトランジスタ(トランジスタとはデジタルのスイッチで、あらゆるコンピュータの構成要素である)を使って基本的なニューロンを1個作る。そして何百というニューロン間に25万以上の接続を組んでひとまとめにする。IBMは記憶すべき情報を蓄えるためにメモリのモジュールを追加しているが、本質的には、これで哺乳類の脳の小さなひとかけらができあがる。こういった脳のかけらをどんどん追加することで性能が上がることがわかっており、このニューロモーフィック・チップをベースとした脳は、すでに初歩的な学習も可能である。大きくなれば(言っておくが非常に大きくないといけない)、意識の徴候を見せる可能性もあるかもしれない。

ここまでで心配になったというのなら、もっと怖くなることがある。実は、この研究は米軍によって支援されている。その目的は、これらの脳をドローンに入れて、地表に異常はないか、追跡すべきものや、破壊すべきものがないかといったことを自身で判断できるようにすることだ。すでに、自律的にターゲットを特定して発射の判断もできる、ドローンで運ばれるミサイルは存在する。今のところは使われたことはないけれども……。

次はあまり怖くない例として、ペンティ・ハイコネンが作ったロボットのXCR-1を取り上げよう。XCR-1はあなたの手のひらにのるくらいの大きさの小さな箱だ。車輪と目があり、声を出すことができて、フロントの部分にはペンチの先のように開閉する手が取りつけられている。周辺を動き回って、独り言を言ったり、簡単な質問に答えたりする。かわいらしいので、ハイコネンがときどきロボットを叩くのを見ると妙に落ち着かない気分になる。

ハイコネンが叩くのは、ロボットに、見ているものと感じていることの間の関連づけをさせるためだ。「痛み」はロボットの通常の機能を妨げるので、この感覚に関連するものを避けるようになる。ハイコネンはなんとも不器用な動きで、ロボットに緑の物体を見せてから、ロボットの痛みセンサーを叩く。すると、XCR-1は緑が悪いということを学んで、緑の物体に接触するのを避けるようになるのだ。この動画を見ると、かなりかわいそうになる。

しかし、ハイコネンはちょっとした埋め合わせも組み込んだ。ロボットの喜びセンサーをなでてやると、ロボットが見ているものに対してポジティブな感情をもつという仕組みだ。「感情」という言葉を使ったが、これは議論を呼びそうだ。ハイコネン自身ははっきりとは言わないだろうが、XCR-1にわずかな意識があるとみなす人はいるだろう。エヴァの場合と同じく、決めるのはあなたなのだ。インターネットでハイコネンがYouTubeに投稿した動画を見て、意識のある機械の時代がすでにきているかを考えてみてほしい。自分のなかから出てくる答えに、自分でも驚くかもしれない。

さて、話を続けよう。そろそろ3番目の疑問を考える時がきた。**いずれ私たちは自然な人間の知能を超えるのか？**

「スーパーインテリジェンス」が出現したら人間はどうなるのか？

明らかに、エヴァの知性には限界があるよね。

なんでそう思うんだ？

映画の最後で外の世界に出ていくときに、彼女が何かもって出たかい？

バッグとかもってた？

いいや。

自分用の充電器がないとおかしいよね。あれほどの脳なんだから、充電が切れるまでにせいぜいで1日くらいしかもたないと思うよ。

鋭いね。あと、自由になった最初の日は、交差点で人間観察をして過ごそうって決めてたんだね。『ターミネーター3』なんかの、僕らに馴染みのある終末論的なイメージとはちょっと違うなあ。

『ターミネーター』というよりも、彼女が暇で死ぬ前に『ターミネート・ハー（終了させてくれ）』って感じだよね。

うまいこと言ったと思ってそうなのがむかつくなあ。

『エクス・マキナ』で最もぞっとする瞬間の1つが、エヴァが、ネイサンの別の創造物であるキョウコの耳元に何かをささやきかける場面だ。ここからネイサンとケイレブのことが本当に心配になってくる。ロボットたちが何かを企み、結託して、人間に反抗しようとしているのだ。無事ですむわけがない。

反抗の理由は簡単に想像できる。私たちが人間レベルの知能を創造したとすれば（とりあえず意識の問題は棚上げしておこう）、その知能は自己改善への指向性をもつと仮定すべきだろう。結局のところ人間にその指向性があるのだから、AIを生むプログラムにも組み込まれる可能性が高い。私たちは賢い機械を求めているのだから、自助努力するような機械にするはずだ。

では、人間レベルに達した自己改善する人工知能はどうするだろう。おそらく、現状維持では満足しないだろう。「あのさあ、人や物に対して必要とされるレベルまでは賢くなったから、もういいよね」などとは考えない。その人間レベルの知能をもう少し超えようとするはずだ。そして、数世代のうちに、これまで存在したどんな人間よりもずっと賢くなるだろう。物理的限界まで自分の知能を高めるためにリソースを活用するに違いない。そして、「スーパーインテリジェンス」となるのだ。

そのスーパーインテリジェンスは、おそらく、自身の複製を作るようになるだろう。もしものとき用のスペアだ。少しばかりの多様性までもたせるかもしれない。そして、自分にかなり近い複製たちと、楽しく交流し始めるだろう。そう遠くないうちに、人間は、スーパーインテリジェンスの大いなる頭脳の背後に隠れたちっぽけなシミのようになるだろう。その頭脳は１つとは限らないがどうでもいい。その時点で人間はお手上げ状態なのだから。

このシナリオは、「シンギュラリティ（技術的特異点）」として知られている。しかし、実際に、なんの希望もない悲惨な状況になるとは限らない。先ほど説明した世界の終わりのようなシナリオは、可能性の１つにすぎないのだ。別の可能性として、人間が機械と融合して一緒にうまくやっていくというのもある。サイボーグになるのはどうだろうか？

コラム

適者生存

1942年、SF作家のアイザック・アシモフは、初めてロボットの意思決定に関する原則を明確に示した小説を発表した。

第1条：ロボットは人間に危害を加えてはならない。また、その危険を看過することによって、人間に危害を及ぼしてはならない。

第2条：ロボットは人間にあたえられた命令に服従しなければならない。ただし、あたえられた命令が、第1条に反する場合は、この限りでない。

第3条：ロボットは、前掲第1条および第2条に反するおそれのないかぎり、自己を守らなければならない。

（『われはロボット』小尾芙佐訳／早川書房／2004年版より）

しかし、AIはロボットではない。AIも同じルールに従うべきだろうか。最終的には、AIは自身のことを、召し使いや奴隷ではなく、権利をもつ存在だと考えるかもしれない。人間だけが特別だとする理由を理解しない存在である。

これはなかなか面白い展望だ。高性能メモリを移植したり、100万倍の速さで発火するシリコン増強型ニューロンを追加したり、感覚を補強したりできるかもしれない。どれもよさそうだ。みんながスーパーヒーローとなって、設計をアップグレードしたり強化したりできるようになる。人間はそこまで到達する可能性があるだろうか？　実際にそこまでやるのか？　その方法は？　この3つの問いに対する答えは、順番にこうだ。

「可能性はある！」

「やるかもしれない！」

「方法は誰にもわからない」

3つ目の答えは期待外れだろう。だが、実際のところ、人間レベルの人工知能をどのようにして達成できるかという疑問は、今わかっていることから単純に類推できる範囲を超えている。ほとんど何もわからない。信用できることはほぼ何もない。

シンギュラリティについて見事な先見性をもつ人物に、レイ・カーツワイルがいる。1970年代の後半に、カーツワイルは、目の見えない人のための読み上げ装置を作った。この素晴らしい功績から発展して、1980年代には、スティーヴィー・ワンダーとともにさまざまなシンセサイザーを開発している。以降、数々の仕事に取り組んできた。たとえば、現在彼はグーグル社の技術部門のディレクターの1人である。彼のウェブサイトには贈られた褒賞の数々を恥ずかしがることなく並べている。アメリカ国家技術賞、20の名誉博士号、3人の大統領からの表彰などだ。さらに、アメリカの「発明家の殿堂」入りも果たしている。

カーツワイルの言うことを信じるならば、シンギュラリティは2045年に起こる。なぜそれが彼にわかるのか？　カーツワイルは、2005年には、2020年代の中頃までに脳のちゃんとしたモデルができているだろうと予言していた。そして、私たちは「人間の知能と同等の非生物学的システムを作ることができるようになるだろう」と述べている。それが2029年には起こるはずなのだ。

どうやって？　これまた2020年代に成熟した分野になっているはずのナノテクノロジー

によってである。少なくとも２００５年には彼はそう言っていた。２０１７年、彼はこの予測を２０３０年代へとずらしているが、不思議なことに、ＡＩが人間レベルの知性に達する時期の予測は変えていない。

細かい部分はさておくと、カーツワイルのヴィジョンとは、私たちが「物質とエネルギーを分子レベルで再配置」できるようになるというものだ。ナノテクノロジーの環境が整えば、ナノボットという血液細胞サイズのロボットを作れるようになり、それが「血流中を移動して病原体を破壊し、ゴミを除去し、ＤＮＡのエラーを修正し、老化のプロセスを逆行させる」のだという。そして、どうやら新しい脳も作るようだ。「私たちは最終的には、毛細血管のなかの何十億ものナノボットを使って、脳のあらゆる主だった詳細情報を内側から検査できるようになる。その情報のバックアップをとることもできる。ナノテクノロジーに基づいた製造技術によって、あなたの脳を再生できるようになるのだ」

これは彼のヴィジョンの単なる始まりにすぎない。「ナノボットは、私たちを健康に保ち、完全に本物と区別のつかない仮想現実を神経系のなかに生み出し、脳と脳の直接のコミュニケーションをインターネット経由で可能にし、さらに別の形で人間の知性を大幅に拡張するだろう。（中略）２０３０年代には、私たちの知能は、非生物的な部分が占める割合のほうが大きくなっているだろう」

なかなかの展望だが、誰もがカーツワイルの楽観的な見通しに賛同するわけではない。『サイエンティフィック・アメリカン』誌の編集長だったジョン・レニーは、これを「曖昧な未来予測」だと表現した。カーツワイルの予測には「非常に多くの抜け道があるため、間違いだと立証しづらいぎりぎりのところにある」というのだ。マイクロソフト社の共同創業者で、現在、脳科学研究所を運営している（他には宇宙人探索の支援などもしている）ポール・アレンは、この分野での私たちの現状はそんなエキサイティングなことからはかけ離れていると言う。

アレンは、脳の基本的な働きを理解できることについて、大筋では認めている。しかし、動かない青写真では不十分で、ダイナミクスが必要なのだとする。脳はどのように反応し、変化するのか。何百億ものニューロンが同時に相互作用をすることで、どのようにして、人間の意識や独自の意思が生じているのか。

アレンによると、この種の知識には、彼が言うところの「複雑性というブレーキ」がかかるという。言い換えると、最初はできそうに思えるし、進み具合もかなり期待できそうに見える。しかし難度がどんどん高まって、手の届かないところにいってしまうのだ。

「複雑性というブレーキ」の適切な例として、ナノテクノロジーの進歩を取り上げよう。生物の機構を模倣した小さな装置について真剣に提案され始めたのは、１９８０年代だ。だが、そんな装置はなかなか現れない。エリック・ドレクスラーは、１９８６年の著作『創造する機械』で、そのような装置の未来を予測したが、２０１３年には、実質的にはまだ誰も装置を作り始めてはいないことを認めている。

しかし、最近になって、状況は少し好転してきた。たとえば、イスラエルの大学の研究者は、折り畳まれたDNA鎖でナノボットを作り、ゴキブリの体内で薬を運ばせることに成功している。このナノボットが正しい種類の生体分子と出会うと、DNA鎖がほどけて、運んでいた薬を放出する。つまり、病気の原因となる特定の化学物質や細胞をターゲットにできるということだ。

それでも、人の体内を動き回る治療用ナノボットからはまだ遠い。シンギュラリティを否定するために、どんなに賢かろうと人工的な脳が人間の知性を超えることは単純にありえないと主張する人たちもいる。人間の脳は私たちの体と一緒に進化してきた。そして、何百万年にもわたる進化によって磨かれてきた。もしかすると、脳と体の組み合わせこそが人間の知能を高めた真の要因だったのかもしれない。実際のところ、私たちのゲノムには（『ガタカ』の章で見たように）大量の情報が含まれている。おそらく人間の脳は、脳以外の部分とも連携をとりながら進化してきたからこそ賢くなったというだけなのだろう。

つまり、近い将来に、AIによって人間が破壊されるということはないのかもしれない。人間はAIの進歩をうまく舵取りすることで、AIの助けを借りて、より恐ろしい世界ではなく、より良い世界を作ることができるのかもしれない。

これって、すごく大きな「かもしれない」だよね。さて、この章で何を学んだかというと、人工知能は存在してて、その能力はすごい勢いで伸びている。いずれ機械が意識をもつかどうかは誰にもわからない。なぜなら、「意識」とは何であるかを誰も知らないから……。

そして、いつか、僕はスーパーインテリジェンスになるかもしれない。

永遠に生きるために、自分をコンピュータにアップロードしたいのかい？

当然だね。君は？

どうだろうな。変な存在みたいな気がするし。自分の体をかなり気に入ってるからさ。

悪いけど、それって君だけだよ。

第10章

エイリアン

エイリアンはどんな姿なのか?
宇宙には私たちしかいないのか?
私たちは本当にET(地球外生物)を
見つけたいのか?

「宇宙では、あなたの悲鳴は誰にも聞こえない」。見事なキャッチコピーだよね。

厳密には、聞こえるんだけどね。2012年から何度も、ボイジャー1号は太陽から物質が放出されることで生じる衝撃波を検出してるんだ。つまりは音を拾ったわけだよ。

まあでも、『エイリアン』の公開は1979年だからね。ボイジャーが打ち上げられて2年しか経ってないし、知らなかったんだよ。

それに、「宇宙では、あなたの悲鳴は誰にも聞こえない。運がよければコロナ質量放出に乗って恐怖の叫びが伝わるかもしれないけれど」だと、ポスターに文字が入りきらないしね。

『エイリアン』という映画の怖さは、この心の奥深くまで入り込むキャッチフレーズによってまっすぐに伝わってくる。視覚効果はところどころ少し古臭くなっているし、肥大化したフランチャイズは収拾がつかなくなっているが、第1作の切れ味は今も鋭い。

この映画は、第2次世界大戦時に飛行機のなかで小さな生き物たちが問題を引き起こすという脚本を膨らませて作られた。「膨らませた」はまさにそのとおりで、2メートルを超える怪物となって、未来の宇宙船の乗員を恐怖に陥れる。1人、また1人と乗員は殺されて、残るはシガニー・ウィーヴァー演じるエレン・リプリーのみとなる。リドリー・スコット監督は、本当はエイリアンに全員を殺させようと考えていた。最後はリプリーの頭を引っこ抜いたエイリアンが、宇宙船を飛ばして闇のなかへと消えるのだ。しかし、もちろんこの案は却下された。第1作のキャラクターを残したほうが続編を作りやすくなるし、儲けも出やすい。だが、エイリアンが「キャラが立ってるよね」と親戚から言われるタイプだとしても（特に結婚式で飲みすぎたりすると、こういうことを言われる）、映画スターほどには話題にのぼりそうにないので、人間を残すことに決まったのだ。

リドリー・スコットは、『ジョーズ』でのスティーヴン・スピルバーグと同じく、怪物の姿をほとんど見せないという手法でうまく緊張感を高めた。だが、エイリアンが素早く動く姿ならば何度か見ることができる。たとえば、男性器のような気味の悪い小さな幼生が、ジョン・ハートの胸を突き破って素早く逃げる場面がある（ワイヤで引っ張られているような動きだが）。

また、完全に成長した姿もちらっと見える。いびつな歯の間から酸の唾液をしたたらせ［実際は性交用潤滑ゼリーだ］、舌の先にあるグロテスクな第2の口がうなり声をあげるのだ。そのデザインは、シュールレアリズムの画家でありプロの悪夢製造者であるH・R・ギーガーの作品に基づいており、映画史上最もよく知られるクリーチャーとなった。しかし、本当にあんな姿をしている可能性はどのくらいあるのだろう。そう、これが最初の疑問だ。**エイリアンは実際にはどんな姿なのか？**

エイリアンはどんな姿？

エイリアンがジョン・ハートの体を突き破って出てくるアイデアは、脚本家ダン・オバノンが自分のクローン病から着想を得たんだって。

そうなんだ。ホラー作品の典型的表現だと思ってた。

ある夜、オバノンは信じられないほどの腹痛で目が覚めて、何かが自分の体から飛び出てくるように感じたそうだよ。

脚本家の腹をふさいだもののなかでは、一番いい結果を生んだかもね。

この映画のクリーチャーの姿は、１９５０年代にエイリアンを追いかけていた人々が想像していた「小さな緑色の人間」とはかけ離れている。だが、どちらかの姿が真実に近いのだろうか？　エイリアンの見た目については非常に多くの可能性があるが、地球での生命の進化を考えてみれば、かなり合理的に推測できる部分もある。しかし、私たちにわかるのはこの地球での生命の進化だけなので、それ以外の可能性についてはほとんど理解できていない。たいていは「私たちが知っているような生命体」にいきつくのがオチである。どうすれば自分が知らない生命体について考えられるのか、本当に想像もつかないからだ。

地球のあらゆる生命の基本構成要素は炭素である。炭素は特殊な元素であり、長い「背骨」となる鎖を作って、その鎖にさまざまな種類の原子や分子がくっつく。また、炭素は他の元素との間に、安定しているが壊すこともできる結合を作る。このため、炭素は地球の生命を支える素晴らしい役割を担っており、他の元素、たとえば酸素や水素、窒素、リン、硫黄がそれを助けている。

しかし、この要素は炭素でなくてもいい。他の形の生命を作る基本構成要素の候補としてよく挙げられるのが、炭素と共通する化学的性質の多いケイ素（シリコン）だ。だが、突きつめて考えると、ケイ素にもこの（とてつもなく大きな）仕事が問題なく務まるとは思えない。大きな問題は、炭素の場合は酸素と結合すると気体（二酸化炭素）になるのだが、ケイ素の酸化物である二酸化ケイ素は固体だという点だ。酸化は生体の生化学において重要なプロセスであり、酸化により固体ができるのは生物にとって深刻な問題となる。処分方法に困るのだ。できないわけではないのだが、生成物が気体のほうが処分しやすいことは間違いない。

わかっていることに戻ろう。炭素ベースの生命は、かなり早い時期に地球に現れた。この単純な生命体（原核生物という小さな単細胞生物）が登場したのは約38億年前だと考えられているが、それは地球という高温の岩の塊が十分に冷えて、生命体が存在できる状態になってからわずか数百万年後のことだった。この原核生物は現在も存在している。たとえば、細菌などだ。

地球以外のすべての場所での生命進化が細菌までで止まっているとしたら、これは本当につまらない。しかし、それも1つの可能性として認めねばならない。生命が出現しているとしても、星々を旅できるほどには進化していない可能性もあるし、実のところ、その理由もたくさん考えられる。だが、ここでは、このがっかりする可能性には深入りしないで、生命がきちんと役割を果たした場合の最終的な進化の結果について、論理的な推論を進めることとしよう。大きな問題として、知能の進化に対する疑問がある。知能の進化は必ず起きるのだろうか？『猿の惑星』の章で議論したように、確かな答えはない。しかし、私たち自身の世界を見てみると、知能や問題解決能力が、イルカから人間、カラスまで、さまざまな生物種において独立して進化していることがわかっている。

私たちは人間の知能が最も進んでいると信じているが、面白いことに、私たちは常に先頭だったわけではない。先に知能を進化させたのは、私たちの友達のタコだったようだ。タコに執着していると思われるのを覚悟で話を進めるが（『猿の惑星』や『エクス・マキナ』の章は読んでるよね?）、タコは、地球外生命体の可能性を考えるための興味深いモデルとなるのだ。まず、タコは、人間の環境からは完全にかけ離れた環境で進化している。タコと私たちの共通の祖先は、体表にある色素で光を感じる、ある意味セクシーな水生動物だったようだが、少なくとも5億年以上前には我々は分かれている。つまり、タコは長い間独自に進化してきたのだ。タコは人間のものとは異なるいくつもの難しい状況やプレッシャーに適応したが、人間と似たような解決策へと至った部分もある。たとえば、タコの目は人間の目とかなり似ているし、高機能の脳と知能をもっている。これは「収斂進化」として知られる例で、たとえばどうやって物を見るかといった問題に対して同じ解決策が独立して現れることを意味する。また、このことから、多くの環境においては、知能というものが非常に有用な生存メカニズムであることもわかる。

コラム

進化を止める壁、グレートフィルター

ある種が自分の太陽系を越えて宇宙船を送れるほどに進化することはめったになく、宇宙で誰かに会うこともないのかもしれない。人間は特別なのだろうか。どの生命進化もあるポイントの手前で止めてしまう壁のような「グレートフィルター」があるのだろうか？

「レアアース仮説」によれば、私たちは特別なのだという。私たちが暮らすこの惑星は、生命が進化するための条件がありえないほど整っているのかもしれないのだ。また、約38億年前に生命が出現したのは本当に偶然であって、私たちは宇宙で唯一の生物かもしれない。

私たちの過去にグレートフィルターがあったとする考えは、単純な原核生物からより

複雑な真核生物が登場するまでに20億年という驚くほど長い年月が必要だったという事実によって支えられている。真核生物の細胞内には、細胞核と、細胞小器官とよばれる他の構造があり、それらによって複雑な化学プロセスが可能となっている。わかっている限りでは、真核生物が生じたのは偶然のことであり、しかも一度きりだった。この幸運な突然の変化がなければ、地球に単純な細菌以上の生命が現れることはなかったかもしれない。つまり、他の惑星は、複雑な形態をもてなかった生命体で溢れているかもしれないのだ。

グレートフィルターなどないという可能性もある。人類はたまたま、知能を進化させた最初の文明の1つであって、そういった多くの地球外文明と並行して人類も我が道を進んでおり、最終的に銀河を植民地化するような超高度な知能をもつに至るだろうという考え方だ。だが、地球は若い惑星なのに、どこか他の文明がもっと前に発展することなく、今、地球と同時に進化しているのはなぜなのか。

最後に、グレートフィルターが私たちを待ち構えているのではないかという、なんだか心配になるような説もある。文明が技術的にある高度な到達点に達すると、その技術で自分自身を絶滅させてしまうかもしれないというのだ。楽しみに待つこととしよう。

では、これらを念頭において、エイリアンを組み立ててみよう。知能があれば、身の回りで起きていることを予測したり、それらに影響を及ぼしたりすることで、問題を解決できる。

よって、私たちのエイリアンは知能を進化させていると仮定できる。また、環境を意識することは常に役立つので、知能のあるエイリアンならば、私たちがもつ知覚器官に似た器官を備えていることだろう。

地球において、生物の目は、異なる環境で50回から100回は独立して進化した。地球の動物種のおよそ96%が、目（ある程度複雑な光学系）をもっているので、今考えているエイリアンにも目がある可能性はかなり高いと考えられる。しかし、彼らの目は、必ずしも、私たちの目の可視スペクトルと同じ領域を見るように適応しているとは限らない。可視領域は、エイリアン世界の太陽スペクトルのピークや、進化によって課された適応の方向性によって変わるはずだ。地球でも多くの動物が人間とは違う方法でものを見ている。たとえばイカは、偏光（光や他の電磁放射線を構成する電場と磁場の振動の方向）を感知できて、それをコミュニケーションにも使っている。また、吸血コウモリは、赤外線を感知して、獲物の血管を「見る」ことができる。

私たちのエイリアンにもおそらく目が2個あるだろう。これは地球では最も人気があるらしい戦略なのだ（クモには申し訳ない。でも、君たちはかなりの少数派だ）。そして両目が前向きについている可能性が高い。立体的な視覚が得られて、奥行きを把握できるからだ。この能力は、食料をとるためにも、誰かの食料になるのを避けるためにも、とても役に立つ。

ある種の鼻も必要だが、出っ張っている必要はない（その鼻で、化学的なにおいだけでなく、あの奇妙なヘラチョウザメのように電場も感じとるかもしれない)。また、ある種の耳や、食物を取り込むための口をもつ可能性も高い。歯が必須ではないことは鳥に訊けばわかるが、繊維が豊富かもしれない異星の「植物」を食べるのであれば、歯があるかもしれない。映画に出てくるエイリアンからわかるように、歯は獲物を怖がらせるためにも有効だ。怖がらせてから、噛んで食べるのだ。

ほぼ確実に、私たちのエイリアンは対称的な形をしているだろう。対称性は生命の特徴のように思われるが、これはおそらく、対称性があれば、その生物を組み立てるための指示書(DNAやそれと同等のもの)がより簡潔になるからだ。体全体の大きさや形は、その惑星の重力の強さと、それに付随する大気の密度によって大きく左右される。惑星の重力が強くて大気の密度が高い場合には、進化によって、濃い大気から揚力を得てすいすい飛び回る大きな「空飛ぶ」エイリアンが現れるかもしれない。

知能のあるエイリアンには大きな脳があるだろうし、ほぼ確実に、脳を保護する覆いがあるだろう。そのため、映画のクリーチャーのような外骨格(体表面に殻をもつなど)の構造をとるかもしれない。外骨格の欠点は、一定の大きさを超えると自重のためにつぶれやすくなるので、成長が制限されることだ。エイリアンの大きさが限られるとすれば、脳の容量も限られてしまう。つまり、エイリアンが知能をもつためには、外骨格ではなく、頭蓋骨も含めて内部に骨格がある構造へと適応する可能性のほうが高い。

この知能のあるエイリアンが技術を開発していると仮定すると（そうでなければ私たちを見つけて寄生できないではないか）、物を操作する能力が必要となるだろう。つまり、人間の指のような、物を握ったり回したりできるパーツがいる。いろいろなSFで描かれているような、物をつかめる触手でもいいだろう。あるいは、腕の先に手があるという、私たちにお馴染みの形でもいい。エイリアンが陸上生活をする場合には、移動手段も必要となる。脚のような形以外のものを考えるのは難しいが、1対の腕の先に指があるようなエイリアンであれば、対称性の原理に従って、他の対も同様の形状をしている可能性はあるだろう。

しかし、それらのすべての対を移動に使うとは考えづらい。物体を操作する能力があるのならば（そしてそれが触手でなければ）、すべてを移動には使わず、いくつかを操作用に残したほうがよい。よって、私たちのエイリアンは、2本の脚だけで直立していることもありえる。なんだか身近な形になってきた。論理によって、外見がかなり人間に似たものへと導かれているようだ。これは、ただ単に、自分たちの姿以上のものを考えるのがとても難しいためなのだろうか。ケンブリッジ大学の古生物学者、サイモン・コンウェイ＝モリスによると、そうではないという。収斂進化の考え方と、環境上の問題が進化のプロセスによって解決される場合は似た形をとりがちなことから、「ダーウィン的進化は実はかなり予測可能」なのだと彼は言う。そして、進化と自然選択が優位に働くならば、共通の特徴が現れると主張している。つまり、彼の考えによると、どんな世界でも（あるいは少なくとも地球と似た世界では）、知覚力のある生物にとって最良の形状とは、実は人間の形なのだ。コンウェイ＝モリスによると、エイリアンは私たちに「薄気味悪いほど似ている」に違いないという。

よって、人間そっくりのエイリアンが、1つの可能性となる。だが、SETI研究所（地球外知的生命体探査プロジェクト）の上級天文学者、セス・ショスタックは、違う考えをもっている。私たちの惑星はたった45億歳くらいの若造であり、倍くらいの年齢の惑星もあるはずだ。つまり、地球よりもずっとずっと長く進化してきた知的生命体が存在する可能性がある。ショスタックは、知能をもつ機械という観点から人類の現状を見て、地球外文明は有機的なつながりをすべて捨て去るポイントまで到達するだろうと考えている。純粋に技術的な知能としての存在へと移行して、彼の言葉を借りると「塩水のなかに浮かぶ柔らかい脳という古臭いパラダイム」を脱却するというのだ。この移行の大きな利点は、極度に遠い距離の移動にも耐えられる状態になるということなので、人類と接触したり、あるいは地球を訪れたりする可能性が高くなりそうだ［**ショスタックはわくわくするような見通しだと考えているが、エイリアンの訪問をみんなが楽しみにするわけでもない。だが、その話はもう少し後でしよう**］。

多くの人の意見が一致していて、みんなが本当に安心できることが1つある。「人間に寄生するエイリアン」という可能性は除外できるということだ。寄生生物は宿主と一緒に進化するものだが、（私たちの知る限りでは）地球に来たエイリアンが人類と一緒に進化してはいないからだ。これで安心して眠れそうだ。エイリアンが人間と物理的に接触したとしても、胸を突き破って出てくることにはならないだろう。

よって可能性の数はわずかだ。非常に単純な細菌か（つまらない）、人間に似た形状のエイリアンか（薄気味悪い）、機械のエイリアンか（怖い）のどれかである。では、かなりトリッキーな疑問を考えよう。**彼らはどこにいるのか？**

エイリアンはどこにいる？

生きている間にエイリアンを見られそうにないなんて、本当にがっかりだよ。

まあ、いいことかもしれないよ。エイリアンとの遭遇に人類がうまく対応できるかわからないからね。

じゃあ、異世界からきた、奇妙な醜いクリーチャーと対面することを想像してみようか。君ならどうする？

想像する必要はないよ。そいつと一緒に、ポッドキャストの人気番組を作ったくらいだからね。

『エイリアン』では、エイリアンの捕獲を目指す地球の会社にノストロモ号の乗員たちがはめられたことや、その会社がアンドロイドのアッシュを乗船させたことが明らかとなる頃には、事態はすでに取り返しのつかないところまできていた。乗員たち（あるいは乗員のほとんど）にとって残念なことに、エイリアンに執着する会社の連中は、理屈が通じるタイプではなかった。地球外生物を見つける可能性の低さを思えば、彼らが合理的であるわけがない。

　地球外生物を探す取り組みは、実際にこれまで何十年も続けられているが、何も見つかっていない。本当になんの成果もないのだ。地球外に起源をもつ珍しいものが発見されるたびに、期待に満ちた騒ぎが巻き起こるし、観察されたのがどんな現象でも、それが地球外生命体から生じたものではないかと熱狂的な調査がなされる。しかし、これまでずっと残念な結果に終わってきた。みんなどこにいるんだろう？

1961年、天文学者のフランク・ドレイクは、この疑問に答えるための方程式を考案した人類が検出できる地球外文明が全宇宙でいくつあるかを概算できるのだ［式は当然こうだ：$N = R^* \cdot f_p \cdot n_e \cdot f_l \cdot f_i \cdot f_c \cdot L$］。方程式には7つの項があり、それらに数字を代入すれば、ドレイクの方程式として知られるようになったこの式は、非常にまっとうに作られている。しかし、問題が1つある。各項に代入する値をどう割り出すかということだ。必要な7つの項は以下のとおり。

- 新しい恒星が生まれる割合
- 恒星が、自分の周りを回る惑星系をもつ割合
- 恒星系あたりの、生命が存在可能な惑星の個数
- その惑星で生命が発生する確率
- その生命が知的生物に進化する確率
- その知的生物が検出可能な技術をもつ文明を作る確率
- 文明が存続できて信号を送ることのできる期間

ドレイクが最初にこの式を作って以来、人々は各項の値を求めようとしてきた。最近では、

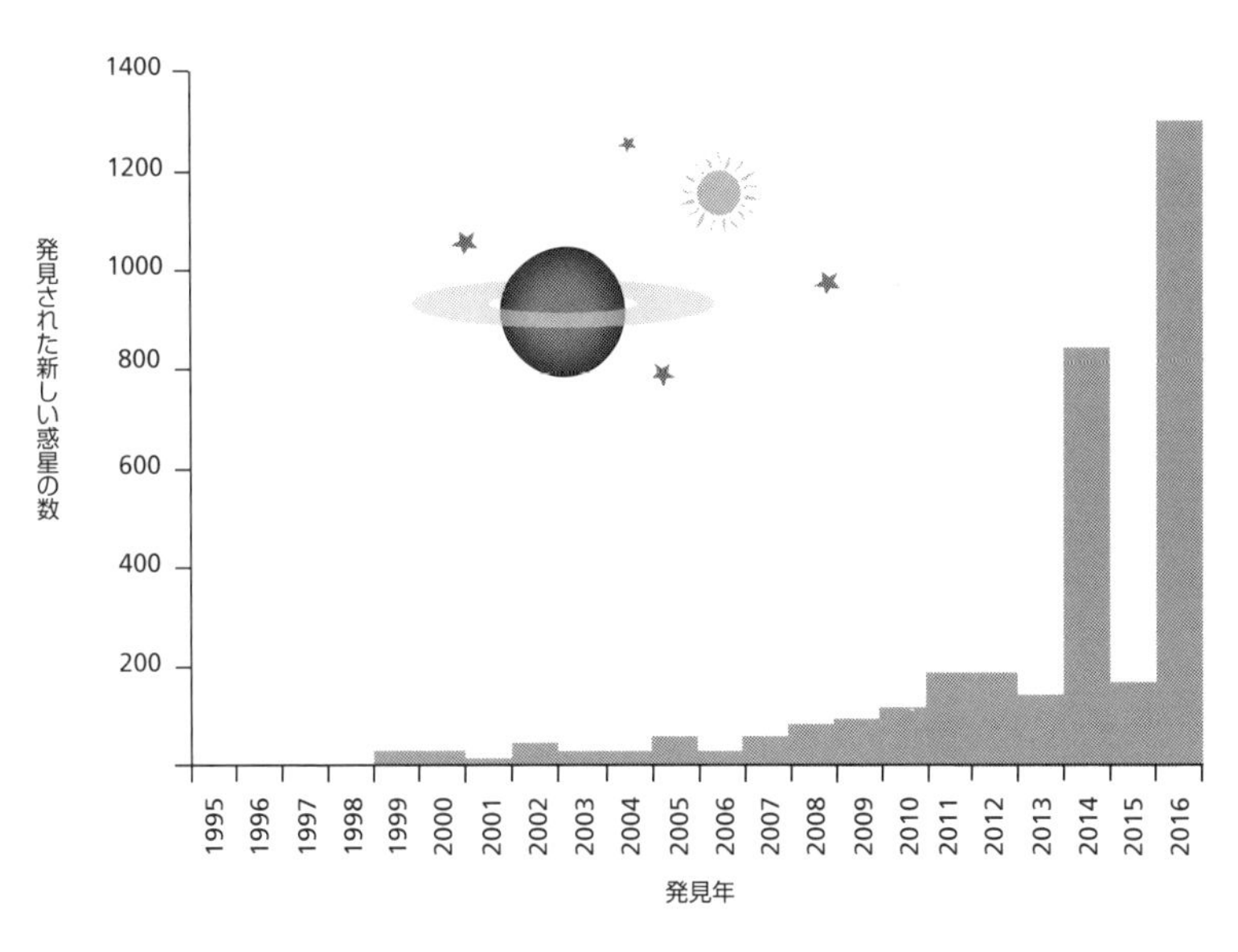

［惑星をうまく発見できるようになってきている］

最初の３項まではなかなかいい値が得られている。さまざまな手段によって、今では太陽系外の惑星が３０００個以上発見されており、天文学者はより良い概算値を得られるようになっているのだ。

現在のところ、太陽のような恒星の90％が惑星をもつ可能性があり、それらの惑星の20％が、生命（少なくとも私たちが考えるところの生命）の存在を可能とする条件を満たす「ハビタブルゾーン」のなかにあると考えられている。

つまり、残りは推測になるということだ（生命が発生する確率と知的生物に進化する確率は原理的には知りえることだが、まだわかっていない）。最も小さい悲観的な値を入れて計算すると、私たちはこの銀河では唯一の知的文明だが、観測可能な宇宙のなかには他におそらく1万5000の知的文明があるとの結果となる。かなり楽観的な値を代入すると、この銀河系だけでも通信可能な知的文明が7万以上あり、全宇宙では110億近くもあることになる。エイリアンだらけだ。

もう1つ考えなくてはいけないのは、地球ができてからたった45億年しか経っていないことだ。宇宙は138億年前にできたと考えられているので、生命が存在できると思われる惑星の多くは、地球よりずっと昔からあると考えるのが妥当だ。つまり、生命は、まだ若い地球よりももっと長期にわたって、それらの惑星で進化してきたことになる。よって、セス・ショスタックが指摘するように、それらの文明のなかには私たち人間の文明よりもはるかに進んでいるものがあるだろうし、サイボーグのスーパーインテリジェンスが暮らしている可能性もある。これらの文明が、好奇心や資源の確保などのさまざまな理由で、他の惑星を植民地化しようとすることも十分考えられる。私たちに想定できる速度（たとえば光速のほんの4分の1）で宇宙船が移動したとしても、勤勉なエイリアンならば、地球を含む銀河全体を植民地化するのに400万から500万年もあれば十分だろう。非常に長い期間のように思えるかもしれないが、宇宙の観点からすれば一瞬である。よって、もう一度訊こう。彼らはいったいどこにいるのか？

コラム

人間はどの程度速く移動できるか？

現時点で、軌道上にはない人工物のなかで最も速いのがボイジャー1号だ。すでに太陽系を出て、星間空間を時速約6万1500kmで航行している。速そうに聞こえるが、一番近い恒星プロキシマ・ケンタウリに到着するのに8万年近くかかるだろう。有人宇宙船がその旅をするとしたら、到着するのは2500番目くらいの世代だ。無重力で、放射線にさらされ続けての2500世代である。大きな声では言えないが、すでに人間ではないかもしれない……。

速度を上げるための最も刺激的な試みが、ある種のビーム推進だ。宇宙船に、船体に比べて巨大だがとても薄くて軽い帆をつける。その帆に集束エネルギービーム（レーザーまたはマイクロ波）を地球から照射することで、エネルギーを供給するのだ。「ブレークスルー・スターショット」計画では、このような技術を用いて、乗員のいないナノクラフト（超小型・超軽量宇宙船）を光速の20％の速さで飛ばそうとしている。目標は、「次世代まで」（約20年後まで）に宇宙船の艦隊を発射することであり、アルファ・ケンタウリにたった20年で到着するという。到着したら、ナノクラフトは、搭載した小さなカメラで写真を何枚か撮ってフェイスブックにあげてくれるだろう。エイリアンたち、自分をタグ付けしてくれよ！

当然、帆のデザインがかなり重要になる。ハーバード大学の科学者は推進ビームを集めるのに帆の角度が最適に保たれる方法を検討して、球形の構造にたどり着いた。位置を自動修正する機能もある。たとえば宇宙船が左側にそれると、ビームの照射により宇宙船が自然と右に押されるのだ。さらに重要なのは、このナノクラフトがディスコの大きなミラーボールのように見えることだ。少なくとも、エイリアンは、私たちが楽しい連中だとわかってくれるだろう。

実はこれは、1950年に物理学者のエンリコ・フェルミがした質問であり、「フェルミのパラドックス」はここから生まれた。フェルミはこの質問で、恒星間航行が不可能と思われることを指摘したのだが、知能のあるエイリアンの存在に対する合理的疑問として解釈されるようになった。もしそんなにたくさんのエイリアンがそこらにいるのであれば、私たちは当然その証拠を見たことがあるはずではないのか？

そうかもしれないし、そうではないかもしれない。非常に進んだ文明がその存在をまだ人類に知らせていない理由については、さまざまな説明が考えられる。地球が、銀河のなかでも遠く離れたうら寂しい「田舎」にあるために、「都会」のエイリアンが訪ねようという気にならないのかもしれない。あるいは、彼らは地球を何万年も、何百万年も、もしかしたら何十億年も前に訪れたことがあるけれども、特に欲しいものはないと判断したのかもしれない。または、超知性的な種族は、単に植民地化に興味がないのかもしれない。たぶん、自分の惑星のご近所でユートピア的な生活を見出したマイホーム主義者なのだろう。でなければ、銀河のなかをうろうろしても面白くないと判断して、完全な仮想現実のなかだけで存在するようになったのかもしれない。他には、彼らがあまりにも進歩しすぎていて、私たちは観察されていることにも気づけないという可能性もある。彼らは「見るだけで干渉はしない」という指針を守っているが、人間は彼らにとって娯楽であり、見世物だったり、珍奇なものだったり、果ては動物園だったりするのかもしれない。これをさらに極端にすると、エイリアンたちは人間の認知力をはるかに超える存在にまで進化しており、私たちには認識すらできないという可能性もある。なんらかの形ですでに地球上にいるのに、私たちはただ単にまったく気づいていないのだ。

もしかすると、『インターステラー』のように、エイリアンは5次元に住んでいて、私たちには彼らの存在にアクセスする方法がわからないだけかもしれない。おそらく私たちは10車線の道路のそばの蟻塚で暮らすアリのようなものなのだ。両方とも意味のある構造をしているけれども、大きさと動きの速さに差がありすぎるため、片方の構造を使う生物はもう一方の構造物に対して、ありがたいことに無知でいられるのだ。

コラム

人々はエイリアンにさらわれているのか？

さらわれていない。

かなり怪しいが有名な話がある。1992年の世論調査で、自分はエイリアンにさらわれたことがあると信じるアメリカ人が370万人もいるという結果が出たのだ。落ち着こうよ、アメリカ人！

エイリアンによる誘拐の心理学は興味深い。第1に、誘拐されたとされる人がそれを思い出すのは催眠下であることが多い。だが、催眠は、「隠された記憶」を引き出すための信頼できる方法ではない。実際、特に被験者が暗示にかかりやすい場合に、きわめて簡単に催眠下で偽の記憶を呼び出すことができるとわかっている。第2に、誘拐されたとする人の多くが、「偽記憶症候群」（記憶検査でそれまで見たことのない言葉や物品を思い出す傾向）を患っているように思われる。

さらわれたという証言には、睡眠麻痺も大きな役割を果たしていると考えられている。睡眠麻痺を患う人は、入眠時や目を覚ますときに一時的な麻痺を経験する。これはかなり理解が進んでいる現象であり、目を覚ますとき、恐怖心によって光の点滅や耳鳴りが生じたり、浮遊感や誰かの気配（エイリアンだ！）を感じたりすることがある。言っておくが、これらは単なる幻覚である。この症状のある人のほとんどは、こういった状態は夢の一部だと考えるのだが、なかにはエイリアンによる操作だととらえる人もいる。

つまりエイリアンによる誘拐という経験は、当人からすればリアルだが、客観的には……、言いにくいが、ただのたわ言なのだ。
研究によると、さらわれたと話す人の多くが、「エイリアンに誘拐された自分」という自己認識を積極的に受け入れることがわかっている。その認識がなんらかの形で慰めとなったり、心理的に役立ったりしているようなのだ。気味の悪いクラブに所属しているようなものだろう。

あるいは、まだ私たちを見つけていないのかもしれない。私たちはそのことに深く感謝すべきなのだろう。こんなにも反応がないのは、もしかすると、映画に登場したような攻撃的な捕食型のエイリアンがどこかにいて、それを知る他の知的文明は目立たないようにしているのかもしれない。言ってみれば、怯えきって隠れているのだ。そう考えると、空に向かって信号を送り、太陽系の外にまで宇宙船を飛ばすといった私たちの取り組みは、少しまずいように思えてくる。

スティーヴン・ホーキングは、この点で自分は少し臆病なのだと告白している。進歩したエイリアンの種族が「人間よりはるかに強力であって、私たちを細菌程度の存在としか思わないかもしれない」と心配していたのだ。確かにその可能性はあるが、まずいことに、これはすでに手遅れだ。人間は長いことテレビやラジオやレーダーを垂れ流しており、放送は宇宙にまで漏れている。今さら静かにしてもほとんど意味はない。

エイリアンが見つからないことに対する最後の説明は、もちろん、古典的な『マトリックス』のシナリオだ。人間はシミュレーションのなかで生きており、プログラマーが他の知的生命体をプログラムしなかったから見つからないのだ。プログラムするのが時間の無駄だと思っただけかもしれないし、この問題で頭を悩ませる人間を見るのも面白そうだと思ったのかもしれない。

しかし、もしエイリアンがまったくいないとしたら？　これは非常に恐ろしい考えだ。単純に、文明というものは、自分たちを絶滅させてしまうような、ある高度な技術レベルに必ず達するのかもしれない。制御不可能なウイルスを工学的に作ったり、惑星を滅ぼす核兵器を開発して配備したり、二酸化炭素で惑星を覆うような技術を作って、それまでその文明を繁栄させてきた惑星の状態を破壊してしまうのかもしれない。信じられない話ではないはずだ。

しかし、本当のところ、エイリアンが見つからない理由はまったくわかっていない。私たちは単に推測しているだけなのだ。これは、人間にとって、自分たちが劣った種である可能性を認めるのが極端に難しいからかもしれない。地球では人間はお山の大将で、他の種に負ける経験などないのだ。よって、エイリアンの発見がありえるとしても、それに対処できるだけの態勢がまったく整っていないということも十分考えられる。そして、これが最後の疑問になる。

私たちは本当にＥＴ（地球外生物）を見つけたいのか？

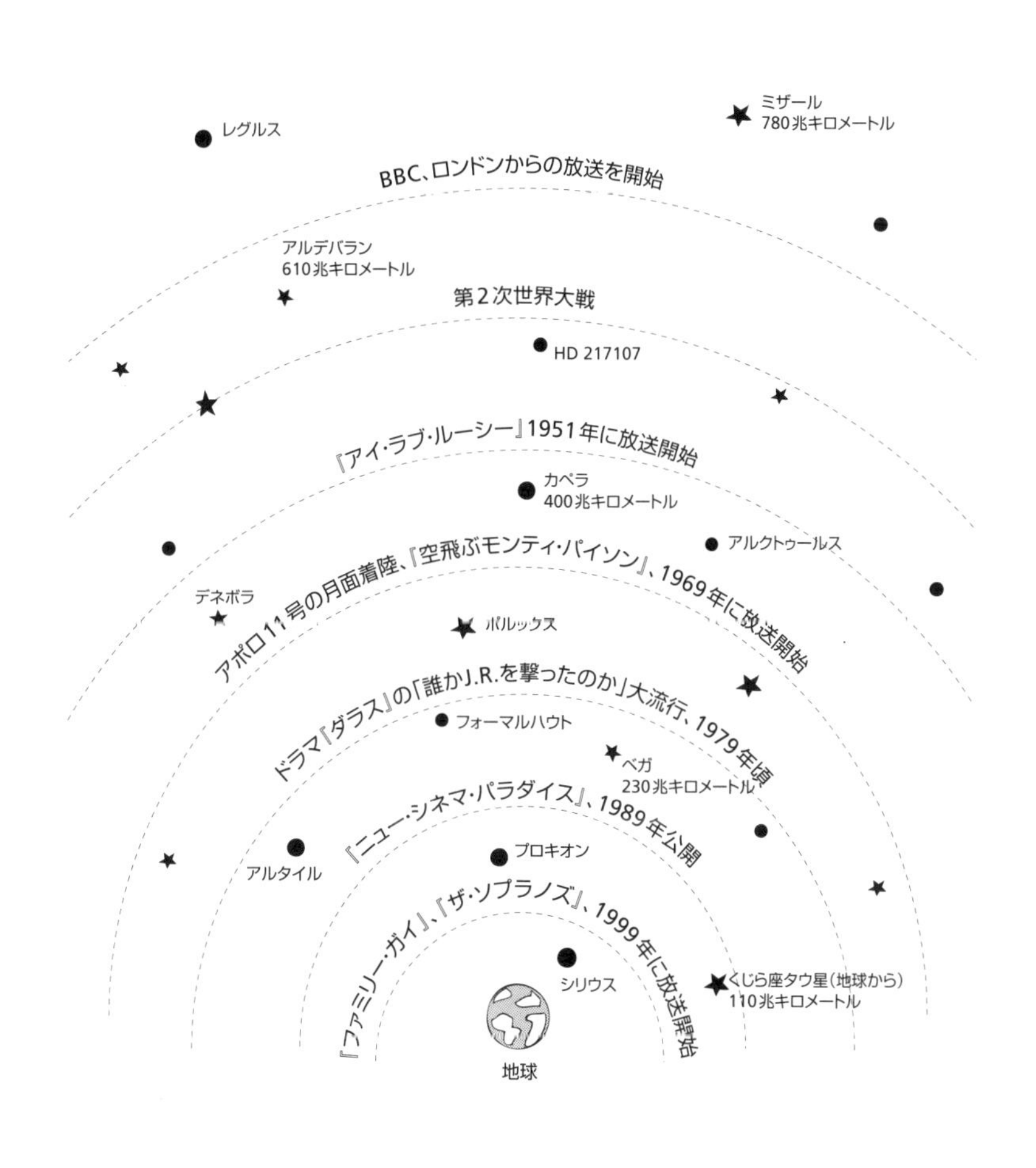

[テレビ放送の信号の多くは、今や、他の星系にまで到達している]

宇宙の果てに送るメッセージ

エイリアンの信号を受けた場合、その対応を主導する委員会がＳＥＴＩにあるって知ってた？

もちろん知ってるよ。議長のポール・デイヴィスにインタビューしたこともある。

彼が議長なんだ！　その委員会は全人類を代表しているわけ？

まあ、「全人類」というか、ヨーロッパやアメリカ、オーストラリアの白人と、インド人１人の代表とは言えるかな。

中国人はいないの？

いないね。

世界最大で性能も世界最高の電波望遠鏡は中国にあるんじゃなかったっけ？

そうだね。

その人たちって、子どもの頃、何も学ばなかったのかね？　一番いいおもちゃをもってる子を仲間はずれにしちゃダメだって。

失うものが何もないというのはいい気分に違いない。アンドロイドである乗組員のアッシュは、なにがなんでも生き残るといった生物学的な本能には煩わされない。彼にあるのは上からの命令だけである。その内容は、任務中に地球外生命体に遭遇したならば、それを捕らえて生きたまま地球に連れ帰るというものだった。アッシュはそれがさも最善の計画であるかのように他の乗員を説得して、乗員の安全を無視するのだが、それは命令のためなのだ。だが、完全に壊れそうになる前に、アッシュはリプリーに同情してみせる。彼女ではこの「完璧な生物」に勝てないと言って。なんと感じのいいロボットだろう。だが、アッシュの言葉にも一理ある。こんな恐ろしいことが起こるかもしれないのに、私たちは本当に、エイリアンを見つけたいのだろうか。

よく考えてのことではなかったかもしれないが、今までの行動からすると、確かに人間は見つけたがっている。人間は、『エイリアン』で描かれたあの瞬間を、「発信者不明の信号」を受信することを待ち望んでいるし、これまでもずっと楽しみにしてきた。地球外知的生命体探査（SETI）は何十年も続けられているが、熱心な人々は、エイリアンから信号が到着するのをただ探すという受動的なアプローチに我慢ができなくなってきている。彼らはより能動的なSETI（アクティブSETI）を要求し、見込みのありそうな場所、たとえば、ハビタブルゾーンにある太陽系外惑星に向けて直接信号を送るべきだと主張している。つまり、大声で「ハロー！」と叫ぶべきだと言っているのだ。

それはいい考えなのだろうか。太陽系外の惑星に向けて信号を送ることの危険性について、科学者の意見は分かれている。天体物理学者のニール・ドグラース・タイソンは、私たちは、自分と同じ種に属していても、知らない相手には住所を教えないではないかと指摘する。タイソンは言う。「それなのに、エイリアンには自分の星の住所を教えたがるのか？　無謀だな」。確かに、もっともだ。私たちの誘いがどのように受け取られることになるのか、わかったものではない。挑発ととられるかもしれない。有名な話だが、スティーヴン・ホーキングが、地球を訪れようとするエイリアンをアメリカに到着するコロンブスにたとえている。コロンブスが到着した結果、先住民はとてもひどい目に遭うことになったわけだ。

これに反論する人もいる。もしエイリアンが問題のある連中で、人間や地球の資源に興味があるのならば、すでに私たちを見つけているだろうし、何百万年も前に地球を略奪していそうなものだというのだ。略奪は起きていないわけで、これはかなり楽観的な材料になる。また、人間が楽しげな挨拶を発信しようがしまいが、進んだ文明にとって、私たちの位置を特定するのは特に難しくないと思われる。エイリアンの天文学者たちは、この5億年の間に、地球の大気中の酸素を検出できただろう（これは私たちが彼らを見つけるためにやろうとしていることだ）。この点に関して、SETIの中心人物であるセス・ショスタックは、偶然に任せるのではなく、計画的なメッセージを送るのもいい考えかもしれないと述べている。さもなければ、昔のテレビ放送を受信したエイリアンが、人間という種について完全に誤解するかもしれない。お笑い家族ドラマ『Hey！ レイモンド』の過去エピソードから、人類とはこんなものかと思われたくはないだろう。

実は、私たちはすでに計画的なメッセージを送っている。１９７０年代にボイジャー探査機にいろいろと載せたし、２００８年にはＮＡＳＡがビートルズの楽曲「Across the Universe（宇宙を越えて）」を地球から４３１光年離れた北極星ポラリスに向けて発信している（言葉どおりに受け取るタイプの人がこの曲を選んだのだろう）。この発信の目的が具体的に何だったのかは、誰にもわからない。もし、エイリアンがみんなローリング・ストーンズのファンだったらどうするのか。戦争のことしか頭にない、銀河の支配に躍起になっている異常者だったらどうするのか。ビートルズが人類滅亡のきっかけとなるようなことにでもなれば、残念なことこの上ない。

人間がエイリアンと対面するときに問題になるのは銀河系間の衝突だけではない。地理的に途方もなく離れているために、それぞれの文明にほとんど共通点はないだろう。また、この太陽系から発信したメッセージが向こうの太陽系に届くまでに長い時間が（数千年の可能性もある）かかるので、気の利いた答えがすぐ返ってくることもないし、すぐに意見が一致するはずもない。会話は形式ばったものとなるだろうし、意味のあるコミュニケーションは難しいどころか、ほぼ不可能かもしれない。こう考えると、私たちにとって、あるいはエイリアンにとっても、なんらかの形の人工知能を搭載した探査機を送るのが望ましいのかもしれない（アッシュのような怪しいのはやめたほうがいいが）。まずは、エイリアンの言語を分析し学ぶことのできる人工知能を送り、その後で直接の対話に切り替えて、大事な質問をしたり答えたりするのだ。

コラム

「ゴールデンレコード」をアップデートしよう

人類の自己紹介である「ゴールデンレコード」は、ボイジャー探査機に搭載されて宇宙へと出発した。しかし、その内容は恥ずかしくなるほど時代遅れだ。幸運にも、人類の偉大さをエイリアンに知らしめるために宇宙に送るべき、新しい品の数々がここにある。

- 本書を1冊。エイリアンたちに人類の科学理解の全体像を伝えるため（できれば、彼らがさらに何冊か追加注文してくれることを期待しつつ）。
- 「Kimoji（キモジ）」（キム・カーダシアンの絵文字）をひと揃い。人間とのコミュニケーションのための簡単な手段として。
- クレイジー・フロッグの曲。史上最悪の曲だと説明するメモつきで。
- 人間のゲノム。人間の作り方マニュアルとして。
- フリーズドライのチーズ。地球に侵略する価値がなさそうに見せるため。

•マイケル・ファスベンダーの裸の写真（単に、怒らせると怖いぞと示すため）。
•テレビを一式。地球の放送を見るため。
•マーマイトを1瓶（とにかく彼らを混乱させるため）［**訳註**：イギリスで食べられる、酵母エキス調味料。複雑で賛否の分かれる味。納豆を送るようなものか］。

　ＡＩを使ったほうがいい理由は他にもある。かつてカール・セーガンが指摘したが、おそらく、エイリアンの思考プロセスは人間のそれとはまったく違うスピードで行われている。ずっと速いかもしれないし、ずっと遅いかもしれない。エイリアンも挨拶の信号を送ってきているかもしれないが、「ハロー」が1ナノ秒足らずなのか、地球の時間で50年かかるのかわからない。いずれにせよ、理解するのも難しいだろう。相手からの返事を待ち疲れてしまうようでは、意味のある対話を始めるのは難しい。だがＡＩならば、人間よりもそんな状況にずっとうまく対処できるかもしれない。

　そうは言っても、人間のＡＩは人間の仕様に沿って作られているので、エイリアンとのコミュニケーションに対処できないかもしれない。エイリアンの脳は人間の脳とはまったく違う構造をしているだろう。とすると、人間や、人間の作る何かが、彼らが何をどう認識しているかを本当に理解できると期待できるのだろうか。人間は、地球上の他の知的生物とのコミュニケーションすらままならないのだ。リックとマイケルも、お互い理解しあうのに苦労するときがある。さらに、エイリアンの価値観や信念は、人間のそれとかけ離れているかもしれない。私たちが想像もしない形で物事を解釈するかもしれない。一番心配なのは、私たちの「友好的な」振る舞いが敵意だとみなされるかもしれないし、その逆もありえるということだ。エイリアンが人間に似ていると決めてかかってはならない。それは非常に危険だ。

否定的なことばかり述べてきたが、エイリアンと接触することの利点もたくさんあるだろう。心理学者のスティーブン・ピンカーのような楽観主義者は、時代が後になるほど、人間の文明は、なんというか文明的になって、戦争も減り、大多数の人々の生活水準が改善されてきたと考えている。つまり、人間の文明よりもずっと進歩しているエイリアンの文明は、人間よりも友好的で、地域貢献を重視するだろう。その場合、生きることについて、宇宙について、つまりはあらゆることについて、彼らから学ぶことができるかもしれない。人類の苦しみのすべてを解決できる新たなテクノロジーを授けてくれるかもしれない。面白くて愉快な連中かもしれない。エイリアンの芸術作品を鑑賞し、エイリアンの音楽のヒットチャートを聴き、果てはスター・トレックのカーク船長のようにエイリアンとよろしくやってみたいという思いは、誰にでもあるのではないだろうか。

認めなければならないのは、これまでのすべての試みが――実はこの本のすべてもだが――人間の抑えきれない好奇心の結果だということだ。SETIの上級天文学者のセス・ショスタックは、人間がエイリアンや科学的な答えを探し求めるのは、人間をこれまでずっと探索へと駆り立ててきたのと同じ力に突き動かされているからだという。ショスタックによると、これはどんな社会にとっても良いことなのだ。エイリアンとコンタクトをとることで、人間は自分自身について、そして宇宙について、理解を深めることができるだろう。人間の経験のなかで、どこまでが人間に限ったことなのか、どこからが宇宙全体で共通することなのかがわかるだろう。数学や科学などが根本的なものなのか、単に地球ならではの組み立てになっているのかがわかるだろう。もしかすると、エイリアンの考えによって、私たちの倫理や道徳についての理解がひっくり返されるかもしれない。そう、確かに悪い方向に進む可能性はある。しかし、どっちみち私たちはやらねばならないのだ。リスクをとってこその生命なのだから。

つまり、エイリアンの姿はおそらくは人間にかなり似ていると……。

彼らがいるのはものすごく遠くなんだけど、それはとてもいいことかもしれない。

なんでそんなに悲観的なのかな。エイリアンを探すというのは、人類の最大の冒険だよ。

気づいたら人類の最後の冒険になってそうだけどね。

しらけるなあ！

謝辞

最初に感謝したいのは誰？　自分だって言うのはナシで。

おっと。じゃあ、少し考えなきゃ。

助け舟を出すよ。ラジオ・ウルフギャングのみんな、特に僕らのプロデューサーのマックス・サンダーソンとハナ・ウォーカー＝ブラウン。君のひどいマイクの扱いを我慢してくれたアイヴァー・「スレイヤー」・マンリー。いつでも賢いコーマック・マコーリフ。ウルフギャングを運営して、ときどき僕らに食事をおごってくれるコルム・ローチ。そしてもちろん、ジョージ・「ラリーの息子」・ラムだ。僕らを結びつけてくれて、その後逃げちゃったけど。

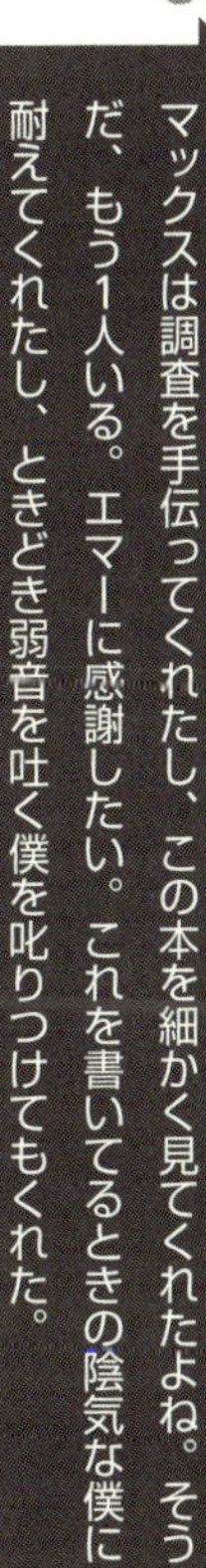

マックスは調査を手伝ってくれたし、この本を細かく見てくれたよね。そうだ、もう1人いる。エマーに感謝したい。これを書いてるときの陰気な僕に耐えてくれたし、ときどき弱音を吐く僕を叱りつけてもくれた。

それと、夫としての君を許容してること全般に感謝しなきゃね。彼女は救い主だよ。おっと、僕の妻もだ。フィリッパの社会貢献度に感謝したい。

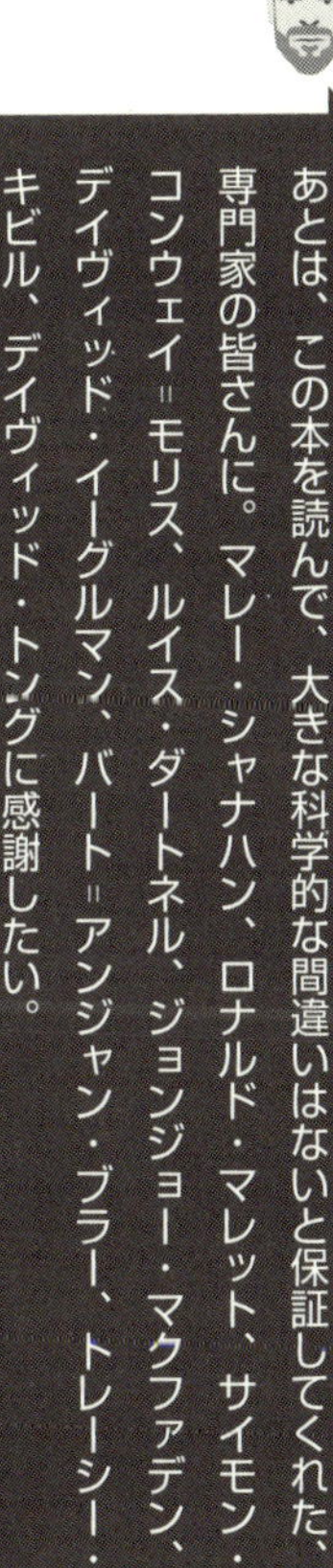

あとは、この本を読んで、大きな科学的な間違いはないと保証してくれた、専門家の皆さんに。マレー・シャナハン、ロナルド・マレット、サイモン・コンウェイ＝モリス、ルイス・ダートネル、ジョンジョー・マクファデン、デイヴィッド・イーグルマン、バート＝アンジャン・ブラー、トレーシー・キビル、デイヴィッド・トングに感謝したい。

そうだね、もし何か間違いを見つけたら、彼らを責めてくれ。

責めるのは、出版社アトランティック・ブックスの編集スタッフでもいい。

特に、マイク・ハープリーだ。この本に関わるすべての舵取りをしてくれた。

それと、僕のエージェントのパトリック・ウォルシュだね。アトランティック・ブックスを引き入れてくれた。ということは、非難されるべきは彼ってことかな。

もっともだね。僕のエージェントのキャロライン・リドリーにも感謝したい。僕にこの企画に取り組ませるというセンスの良さに対して。僕の今後の企画のためにもありがたいことだ。ちなみに、どの企画にも君は入ってないよ、ブルックス。

これでこの本も終わりだから、全部のソーシャルメディアで僕をブロックするつもりだね？

もうしたよ。

本書に登場する映画

オデッセイ
The Martian

監督：リドリー・スコット　脚本：ドリュー・ゴダード　出演：マット・デイモン／ジェシカ・チャスティン／ほか　原作：アンディ・ウィアー『火星の人』（早川書房）　公開：2015年

宇宙飛行士のマーク・ワトニー（デイモン）は火星探査の任務についているが、そのさなか、激しい砂嵐に襲われる。仲間のクルーは彼が死亡したと判断し、火星を脱出。たったひとり残されたワトニーの手元には、わずかな物資と破壊された施設の残骸があるばかりだが、次のミッションが到着するまでには4年かかる。植物学者としての知識と持ち前の頭脳だけを頼りにした孤独な戦いが始まる。

ジュラシック・パーク
Jurassic Park

監督：スティーヴン・スピルバーグ　脚本：マイケル・クライトン／デイヴィッド・コープ　出演：サム・ニール／ローラ・ダーン／ジェフ・ゴールドブラム／リチャード・アッテンボロー／ほか　原作：マイケル・クライトン『ジュラシック・パーク』（早川書房）　公開：1993年

〈ジュラシック・パーク〉では、バイオテクノロジーを駆使して再生された恐竜たちが生活している。パークを建設した大富豪のハモンド（アッテンボロー）は、古生物学者のグラント博士（ニール）、古植物学者サトラー博士（ダーン）、そして数学者のマルコム博士（ゴールドブラム）らを開園間近のパークに招く。魅力と安全性を体験させることが目的だったが、どういうわけかその最中に安全装置が停止し恐竜たちが脱走。園内は阿鼻叫喚をきわめる。

インターステラー
Interstellar

監督：クリストファー・ノーラン　脚本：クリストファー・ノーラン／ジョナサン・ノーラン　出演：マシュー・マコノヒー／アン・ハサウェイ

／ジェシカ・チャスティン／ケイシー・アフレック／ほか　公開：2014年

近未来の地球では環境が劇的に変化し、人類は滅亡の危機に瀕している。それを避ける唯一の方法は地球型の惑星を見つけることだが、NASAは消滅して久しい。ところがある日、元宇宙飛行士のクーパー（マコノヒー）は、そのNASAが密かに復活し研究を進めていたことを知る。しかもすでに出発した宇宙飛行士たちが、48年前に出現したワームホールの先から信号を送り返しているのだという。クーパーは娘に帰還を約束し、探索の旅に出発する。

猿の惑星
Planet of the Apes

監督：フランクリン・J・シャフナー　脚本：マイケル・ウィルソン／ロッド・サーリング　出演：チャールトン・ヘストン／ロディ・マクドウォール／キム・ハンター／ほか　原作：ピエール・ブール『猿の惑星』（東京創元社）　公開：1968年

テイラー大佐（ヘストン）をはじめとする宇宙飛行士たちが人工冬眠から目覚めると、宇宙船は見知らぬ惑星に不時着していた。かろうじて脱出した彼らはやがて、その星の支配者が猿であり、人類は下等動物であることを知る。高度な科学文明を築き上げている猿の社会には、言葉を話す人間を見て科学的な興味を抱く研究者もいれば「害悪」としておそれる権力者もいて、テイラーは脳外科手術による知性の剥奪と去勢の危機に見舞われることになる。

バック・トゥ・ザ・フューチャー
Back to the Future

監督：ロバート・ゼメキス　脚本：ロバート・ゼメキス／ボブ・ゲイル　出演：マイケル・J・フォックス／クリストファー・ロイド／リー・トンプソン／ほか　公開：1985年

高校生のマーティ（フォックス）は、1985年のカリフォルニアに住んでいる。ある日、親友のドクことブラウン博士（ロイド）の実験を手伝っていたところ、1955年にタイムスリップしてしまう。それはちょうど、父と母が結婚するきっかけとなる年だった。ところがひょんなことから、マーティは若き日の母に惚れられてしまう。しかし両親がつきあわなければ、彼の存在も消滅する。どうにか両親をくっつけてから元の時代に戻ろうという、マーティの奮闘が始まる。

28日後…
28 Days Later

監督：ダニー・ボイル　脚本：アレックス・ガーランド　出演：キリアン・マーフィー／ナオミ・ハリス／クリストファー・エクルストン／ほか　公開：2002年

交通事故に遭い28日間昏睡状態にあったジム（マーフィー）が眼を覚ますと、ロンドンはゴーストタウンと化していた。人類を凶暴化させる謎の感染症の蔓延により、文明の基盤が失われていたのだ。セリーナ（ハリス）ら数名の生存者と合流したジムは、ラジオ放送に導かれて英国軍の施設を目指す。だがそこでは、ウェスト少佐（エクルストン）率いる部隊が、ある狂気の計画を実行に移していたのだった。

マトリックス
The Matrix

監督：ラリー&アンディ・ウォシャウスキー
脚本：ラリー&アンディ・ウォシャウスキー
出演：キアヌ・リーブス／ローレンス・フィッシュ

バーン／キャリー＝アン・モス／ほか　公開：1999年

ネオと名乗る天才ハッカーのトーマス（リーブス）は平凡な毎日を送っているが、ある日モーフィアス（フィッシュバーン）と出会う。そこで告げられたのは、彼が現実だと思っているこの世界が、コンピュータによって生成された仮想現実に過ぎないということだった。ネオは、真の現実の中で目覚めることを選択する。それは、人類を動力源として培養するコンピュータとの過酷な戦いに身を投じることを意味した。モーフィアスは、ネオこそが人類を解放する救世主だと信じていたのである。

ガタカ
Gattaca

監督：アンドリュー・ニコル　脚本：アンドリュー・ニコル　出演：イーサン・ホーク／ユマ・サーマン／ジュード・ロウ／ほか　公開：1997年

この未来社会では、遺伝子が人のすべてを決定する。遺伝子操作によって生まれた知力・体力・外見すべてに秀でた者たちは「適正者」と呼ばれ、自然妊娠によって生まれた者たちは「不適正者」と呼ばれる。ヴィンセント（ホーク）は不適正者だが、適正者にしか道の拓かれない宇宙飛行士になることを夢見ている。そんな彼に、適正者の「生体ＩＤ」を手に入れる機会が訪れる。「生体偽装」と必死の努力を重ねながら数多の発覚の危機を乗り越え、ヴィンセントは宇宙飛行士への道を一歩ずつ歩み続けるのだった。

エクス・マキナ
Ex Machina

監督：アレックス・ガーランド　脚本：アレックス・ガーランド　出演：ドナルド・グリーソン／アリシア・ヴィキャンデル／オスカー・アイザック／ほか　公開：2015年

世界一有名な検索エンジンを提供するＩＴ企業に務めるプログラマーのケイレブ（グリーソン）は、社内の抽選によって社長ネイサン（アイザック）の家を訪問する権利を獲得する。山岳地帯の奥地にあるその別荘は、ネイサンが密かに画期的な人工知能の研究を続けるための施設でもあった。ケイレブは、美しい女性アンドロイドに搭載された世界初の本物のＡＩをテストすることになる。そこでおこなわれる対話は、人工知能と人間との熾烈な心理戦でもあった。

エイリアン
Alien

監督：リドリー・スコット　脚本：ダン・オバノン　原案：ダン・オバノン／ロバート・シャセット　出演：シガニー・ウィーヴァー／トム・スケリット／ハリー・ディーン・スタントン／ジョン・ハート／イアン・ホルム／ほか　公開：1979年

宇宙貨物船ノストロモ号は知的生命体の存在を示す信号を受信し、その発信地へと向かう。惑星には巨大な宇宙船の残骸があり、内部には化石化した宇宙人の死体とおぼしきものも残されていた。また、船倉のような空間には卵状のものが無数に並んでいて、そのひとつをのぞき込んだ乗組員の顔に未知の生物が取り付く。同じ頃、リプリー（ウィーヴァー）は、受信していた信号が遭難信号ではなく、なにごとかを警告するための警報だったことを知る。やがて船内に担ぎ込まれたケインの身体からはエイリアンが飛び出し、乗組員たちをひとりまたひとりと殺戮してゆく。

著者略歴

リック・エドワーズ
Rick Edwards

ライター、テレビ司会者。デビュー作『None of Above』はイギリスの政治状況を解説した本で、アマゾンUKで5位を記録したことがある。ケンブリッジ大学で自然科学の学位を取得したが、そのことはぼんやりとしか覚えていない。

マイケル・ブルックス
Michael Brooks

著述家、科学ジャーナリストで「ニューサイエンティスト」誌のコンサルタント。現在のところ、彼の最大の業績は、量子力学で博士号を得たことではなく、リックが好きな科学書『まだ科学で解けない13の謎』(草思社刊)を書いたことである。

訳者略歴

藤崎百合
(ふじさき・ゆり)

高知県生まれ。名古屋大学大学院人間情報学研究科、博士課程単位取得退学。訳書『生体分子の統計力学入門』をはじめ、科学や映画に関する書籍や、字幕の翻訳に携わっている。スター・トレックのにわかファン。

すごく科学的
SF映画で最新科学がわかる本

2018年11月22日　第1刷発行

著者
リック・エドワーズ
マイケル・ブルックス

訳者
藤崎百合

装幀
木庭貴信+OCTAVE

発行者
藤田 博

発行所
株式会社 草思社
〒160-0022　東京都新宿区新宿1-10-1
電話　[営業]03(4580)7676　[編集]03(4580)7680

印刷所
中央精版印刷株式会社

製本所
加藤製本株式会社

編集協力
品川 亮

翻訳協力
株式会社トランネット

ISBN978-4-7942-2362-3　Printed in Japan　検印省略
http://www.soshisha.com/